普通高等教育
艺术类"十二五"规划教材

U0233751

摄影技术与艺术相结合，注重自身修养，提升摄影者的内涵
运用阶梯式的学习方法，循序渐进，从量变到质变

数码摄影教程

刘鸿 编著

人民邮电出版社
北 京

图书在版编目（CIP）数据

数码摄影教程 / 刘鸿编著. -- 北京 : 人民邮电出版社, 2017.11（2022.12重印）
普通高等教育艺术类"十二五"规划教材
ISBN 978-7-115-46498-9

Ⅰ．①数… Ⅱ．①刘… Ⅲ．①数字照相机－摄影技术－高等学校－教材 Ⅳ．①TB86②J41

中国版本图书馆CIP数据核字(2017)第219433号

内 容 提 要

  本书主要包括 5 大部分 26 章内容，着重于摄影技术与艺术相结合，充分运用相机的数码功能，并挖掘其潜能运用于实践。本书题材新颖、独特，以阶梯式的方式，循序渐进，由浅入深，着重注入了哲理引导，从而培养读者的自身修养，提升读者的摄影内涵。

  本书可作为高校艺术专业学生相关摄影课程教材使用，也可以作为摄影爱好者的参考书。

◆ 编　著　刘　鸿
  责任编辑　张　斌
  责任印制　陈　犇

◆ 人民邮电出版社出版发行　　北京市丰台区成寿寺路 11 号
  邮编　100164　电子邮件　315@ptpress.com.cn
  网址　http://www.ptpress.com.cn
  北京捷迅佳彩印刷有限公司印刷

◆ 开本：787×1092　1/16
  印张：18　　　　　　　　　2017 年 11 月第 1 版
  字数：320 千字　　　　　　2022 年 12 月北京第 6 次印刷

定价：88.00 元

读者服务热线：(010)81055256　印装质量热线：(010)81055316
反盗版热线：(010)81055315
广告经营许可证：京东市监广登字 20170147 号

四川电影电视学院

出品人
黄元文　罗共和

前 言

　　学过哲学的人都知道，学习哲学的最终目的是看清事物的本质，从而以最快捷的方式直达目的地。如果运用哲学的眼光来看待摄影，那么摄影的本质又是什么呢？毫无疑问，摄影的本质就是光和影。给光影注入艺术的成分，顺着这个思路思考下去，我们就会在学习摄影艺术的道路上少走弯路，也就是认清事物本质，以尽快地达成从量变到质变的演化过程。

　　我们常常可以见到许多摄影者其实并不懂摄影的本质到底是什么，于是，他们经过几年甚至几十年的苦苦摸索，还一直处于量变的过程中，而难以达成质变。

　　本书力求运用阶梯式的教学方法，循序渐进地引导读者们在学习摄影艺术的过程中尽快达成质变，从而将自己的摄影作品以最美丽的姿态展现在世人的面前。

　　本书由四川电影电视学院刘鸿编著，四川电影电视学院编导系主任乔晓愉教授、编导系副主任高兰教授审校了书稿并提出了很多宝贵意见，徐尧对全书进行了整理、校对。书中的摄影作品除署名作品外，均为刘鸿拍摄。在此对参与和支持本书编写的所有人员表示感谢。由于编写时间仓促，作者水平所限，书中难免出现错误或遗漏，望广大读者提出宝贵的意见。

目 录

第二部分　摄影的三大要素

第三部分 写实

第11章 摄影中的写实

第12章 写实摄影技巧

第13章 摄影特技

第四部分　写意

第21章　什么是摄影的写意

第22章　写意在摄影中的应用

第五部分　摄影师的自我修养

第23章　自我修养

第24章　西方现代艺术流派

第25章　古典诗词对摄影的影响

第26章　摄影与哲学

第一部分　摄影原理与相机

第1章

摄影的种类

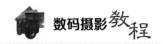
摄影是随着欧洲资本主义的发展应运而生的，近200年来，它经历了由简单到复杂、由低速向高速、由手工向自动化方向发展的过程。

摄影是指使用某种专门设备进行影像记录的过程，也就是通过物体所反射的光线使感光介质曝光的过程。

一般来说，人们在可见光条件下照相，最常用到的设备是胶片照相机或数码照相机。因场景和用途的不同，照相机有着非常多的分类。

摄影完成后，介质所存留的影像信息必须通过转换而再度为人眼所读取。具体方法依赖于感光手段和介质特性。对于胶片介质，会有定影、显影、放大等化学过程。对于电子存储介质，则需要通过计算机对图片进行处理，再通过其他电子设备输出。

摄影根据目的和拍摄对象不同，可大致分为下列几大类：艺术摄影、人文摄影、纪实摄影、新闻摄影、商业摄影等。

1.1　艺术摄影

艺术摄影包括风光、花卉、静物、艺术人像等。在艺术摄影中，摄影师给画面注入了艺术的元素。它与纪录摄影的区别在于作品的艺术性与内涵性，作品体现了艺术家的精髓，并表现出艺术创作的无界限性。艺术摄影拍出来的作品效果更唯美、更抽象，因为这不仅需要技术，还要具备一定的艺术修养。

1.2　人文摄影

　　人文摄影是摄影者通过摄影器材和技术所表现出来的被摄对象背后的社会现象和意义，是摄影者的思想和思考的体现。摄影师可以通过自己拍摄的画面来引导和引起人们对被摄主体的关心或者挂念。人文摄影的本质是关注人的生活状态的摄影活动，要反映人的本质特征，包括生存状态、精神追求、风土人情、历史文化等，是一种带有个人较为理性的主观色彩的摄影。人文摄影需追求主体的"形神兼备"。

1.3　纪实摄影

　　纪实摄影是捕捉事物的表象，主要分为纪实人文摄影和记录人文摄影。

　　摄影诞生之初就是为了记录，为了真实的还原场景。它诞生之后所显示出来的强大的生命力，也恰恰在于它的记录功能。纪实摄影在现代社会中有着不可磨灭的贡献。由于年代的不同、观念的不同，特别是设备的不同所致，过去相当长的时期内，摄影理念是以唯物主义为主导思想。但是，近些年来，特别是数码时代到来后，摄影的观念发生了巨大的变化，此时的摄影便以唯心主义为主导思想，纪实摄影渐渐地失去了当年的辉煌，取而代之的是创意摄影。

▲图片来源于网络

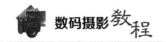
1.4 新闻摄影

新闻摄影是以图片的形式对正在发生的事件进行真实的报道。新闻摄影讲究的是事件的突发性、真实性、独特性。新闻摄影与艺术摄影的区别是：前者是写实，后者是写意。

就新闻摄影的真实性来说，摄影师除了要眼明手快和具备一定的心理素质外，在技术上还要求画面的景深较大，清晰的范围要宽。为了达到这种效果，相机的光圈必须设置较小，且速度要快，既保证画面有一定的景深，又要求画面没有任何的虚化。当然，拍照后的图片不能有任何的后期行为，这样才能真正达到和满足新闻摄影的要求。

▲图片来源于网络

1.5 商业摄影

商业摄影是指作为商业用途而开展的摄影活动。从广义上讲，商业摄影包括一切拍摄制作用于出售商品的图片或介绍商品的图像。

现在常见的商业摄影已经分类较细，如汽车摄影、人物摄影、数码产品摄影，影楼摄影、化妆品摄影等，是时尚领域不可缺少的重要部分。

　　商业摄影又被称作委托摄影，在摄影诞生后相当长的一段时间里，它受到社会的轻视。随着时代的发展和社会的需求，商业摄影被推崇到一个新的高度并被广泛运用，为商业社会的发展做出了贡献。

　　现代商业摄影与商业图片库的合作是比较常见的模式，图片库会委托摄影师进行一定主题的摄影创作，或是商业摄影师主动上传自己的摄影作品，委托图片库进行代理。

▲图片来源于网络

第2章

摄影的基本术语

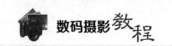

自从摄影诞生以来，经过不断地发展，摄影技术和工具发生了巨大的改变，但是万变不离其宗，很长时间以来，摄影一直是采用照相机和胶卷的传统模式，代代相传，直到 20 世纪后期。

20 世纪 80 年代以来，伴随着计算机在各个领域的迅速普及，数字时代来临，给人们的工作和生活带来了新的冲击。应运而生的数码相机，开拓了数字影像丰富的世界。数码相机的诞生，从根本上改变了传统的摄影工艺和摄影体系。它不仅影响并改变着摄影业的经营观念、经营方法、管理及服务质量，而且导致每一位摄影工作者创作观念、创作方法的更新。数码摄影的诞生对传统摄影发起了严峻的挑战，迫使摄影者不得不从零开始，来认识数码相机。

数码相机是用电子元器件（一般是 CCD 或 CMOS）替代胶卷作为感光材料，并将所摄物体的图像以数码的形式保存在可多次重复使用的存储卡中的照相机，后期处理全部交给计算机去完成。

本书以数码相机为主进行相关知识的讲解。

2.1 对焦

我们使用的照相机镜头就相当于一个凸透镜，胶片相机中胶片或数码相机的感光器件就处在这个凸透镜的焦点后面。胶片或感光器件与凸透镜光心的距离约等于这个凸透镜的焦距。

凸透镜能成像。一般用凸透镜作相机镜头时，它形成的最清晰的图像一般不会正好落在焦点上。或者说，最清晰的图像到光心的距离（像距）一般不等于焦距，而是略大于焦距。具体的距离与被照的物体与镜头的距离（物距）有关，物距越大，像距越小，但实际上总是大于焦距。

我们在拍摄时，被照的物体与相机镜头的距离不会总是相同的。例如给人照相，照全身离得就远，照半身离得就近。也就是说，像距不总是固定的。所以想得到清晰的像，就必须随着物距的不同而改变胶片或感光元件到镜头光心的距离，这个改变的过程就是平常说的"对焦"。

综上所述，我们所说的"对焦"调整的并不是真正意义上的焦距，而是在拍摄中，把投射到感光元件上的图像调整到最清晰的过程。

2.2　变焦

一个凸透镜的焦距是一个固定的数值。也就是说，一个凸透镜的焦距是不能调整的。因此，有相当一部分相机的镜头的焦距也是不能调整的，这类镜头被称之为"固定焦距镜头"，简称"定焦头"。

还有另外一部分相机，它们的镜头是"变焦镜头"，就是能够"变倍"的镜头。这种镜头的工作方法是通过移动多个镜片之间的距离来放大或缩小需要拍摄的景物，光学变焦倍数越大，能拍摄的景物就越远。用这种相机在进行变倍时才是真正的"调整焦距"。

2.3　宽容度

宽容度是指在一张照片上表现出记录最亮和最暗细节与层次的能力。宽容度高，最亮和最暗的光阶的层次会比较阔，不同光度的画面细节就能够被完好地保留下来；反之，宽容度低，光阶差别的展现只能局限在一小区域之内，在这区域之外的亮部或暗部画面细节都不会被记录下来。

2.4　景别

景别是指由于相机与被摄体的距离不同，而造成被摄体在相机寻像器中所呈现出的范围大小的区别。

由近至远，景别一般可分为以下 5 种。

1. 特写（指人物肩部以上）

2. 近景（指人物胸部以上）

3. 中景（指人物膝部以上）

4.　全景（人物的全部和周围的环境）

5.　远景（主体与环境）

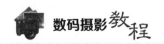

在电影中，导演和摄影师利用复杂多变的场面调度和镜头调度，交替地使用各种不同的景别，可以使影片剧情的叙述、人物思想感情的表达、人物关系的处理更具有表现力，从而增强影片的艺术感染力。

2.5　动态范围成像

动态范围成像是在平面摄影或者电影摄影中，用来实现比普通数码图像技术更大曝光动态范围（即更大的明暗差别）的一组技术。

高动态范围成像的目的就是要正确地表现大自然中从太阳光直射到最暗的阴影如此大范围的亮度。

低动态范围所拍摄的照片暗部没有层次，见下图。

高动态范围所拍摄的照片暗部有层次，见下图。

2.6　闪光灯的基本参数

（1）闪光灯 GN 指数，代表闪光灯的功率大小，或者等于光圈乘以距离。

（2）最高闪光灯同步速度，表示功率输出时的最快的快门速度。

（3）同步方式，包括闪光灯高速同步和慢速同步。其中慢速同步又包含了闪光灯的前帘和后帘的设置。

（4）GN 指数又表示闪光灯的最高闪光同步速度和同步的方式。

2.7　色阶

色阶就是表示图像亮度强弱的指数标准，也就是我们说的色彩指数，在数字图像中，指的是灰度分辨率（又称为灰度级分辨率或者幅度分辨率）。

图像的色彩丰满度和精细度是由色阶决定的。色阶指亮度，和颜色无关，但在图片中最亮的只有白色，最暗的只有黑色。

色阶的示意图

2.8　景深

景深是指在相机镜头或其他成像器前沿着能够取得清晰图像的成像轴线所测定的被摄物体距离范围。

摄影过程中，聚焦完成后，被摄物体在一定距离范围内都能形成清晰的像，这一前一后的距离范围就是景深。在镜头前方（调焦点的前、后）有一段一定长度的空间，当被摄物体位于这段空间内时，其在底片上的成像恰位于焦点前后这两个弥散圆之间。被摄体所在的这段空间的长度就是景深。换言之，在这段空间内的被摄体，其呈现在底片面的影像模糊度，都在容许弥散圆的限定范围内，这段空间的长度就是景深。

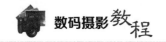
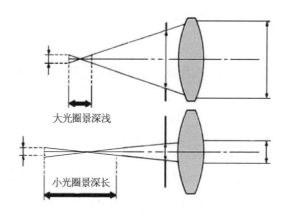

大光圈景深浅

小光圈景深长

2.9　准确曝光、过曝和欠曝

1.　准确曝光

准确曝光，就是通过控制曝光使被摄景物的层次、质感和色彩真实地得到再现。

2.　过曝

在摄影中，曝光量是通过调节光圈的大小和快门速度来实现的。如果照片中的景物过亮，而且亮的部分没有层次或细节，这就是曝光过度（过曝）。过曝的照片已经缺失细节，后期补救后画质也不够清晰。

3.　欠曝

如果拍摄环境太暗，照片显现比较黑暗，无法真实反映景物的色泽，就是曝光不足（欠曝）。欠曝在后期还可以补救，但补救后也会有噪点，画面不清晰，画面仍然缺乏层次。

▲这张照片曝光过度，整体画面亮度过高　　　　▲这张照片曝光不足，整体画面亮度过低

2.10　直方图

在一张图片的直方图中，横轴代表的是图像的亮度，由左向右，从全黑逐渐过渡到全白；纵轴代表的则是图像中处于这个亮度范围内像素的相对数量。通过这样一张二维坐标系图，我们便可以准确地了解一张图片的明暗程度。

直方图的观看规则就是"左黑右白"，左边代表暗部，右边代表亮部，而中间则代表中间调。纵轴上的高度代表像素密集程度，高度越高代表分布在这个亮度上的像素越多。

曝光不足	曝光正常	曝光过度
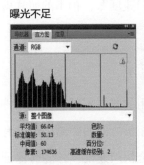	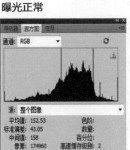	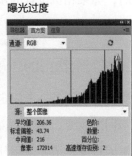
特征：画面呈现出低调	特征：画面呈现出中间调	特征：画面呈现出高调
最左边黑色堆积且被截断 最右边基本没有黑色	最左和最右的黑色没有被截断 最左和最右黑色呈递减，但基本还有	最右边黑色堆积且被截断 最左边基本没有黑色

直方图的最右边代表画面的亮部，由亮的元素堆积而成，越右越亮；最左边代表暗部，由暗的元素堆积而成，越左越暗。

2.11　感光度

相机的感光度也就是 ISO，是衡量相机感光速度标准的国际统一指标，其反映了相机感光时的速度。相机 ISO 设置一般为 100~12800 或更大。

相机的感光度设置的数值越小，拍摄出来的图片噪点越小，画面的像素就会越高。但是当进光不足时（尤其夜景明显），显得亮度不够。

相机的感光度设置数值越大，拍摄出来的图片噪点会越高（尤其是夜景），如果放大照片会发现噪点明显。

右图是清晨太阳还未升起时所拍

摄，光线较暗，所以提高了感光度，画面暗部层次放大后有明显的噪点。

2.12 安全快门

1. 基本概念

"安全快门"是指为了保证所拍照片的清晰，避免因相机不稳或者抖动而造成照片模糊，所采用的最低（慢）快门速度。它的作用是保证拍出的照片清晰。在特定条件下拍摄时，如果相机设置的快门速度低于"安全快门速度"，拍出的照片就容易模糊不清。

2. 调整安全快门的作用

安全快门速度不是一个固定值，它会因为拍摄使用的器材不同、拍摄条件不同、拍摄对象不同而改变。一般来说，安全快门速度和与相机之间的距离与角度有关。以上这些拍摄因素决定了要采用什么样的速度来作为安全快门速度，才能够保证拍出的照片清晰。

3. 安全快门的使用

安全快门需视不同的镜头、不同的拍摄对象而定，它没有绝对的对与错。而且，不同经验者和不同拍摄情况、不同拍摄要求往往会有些差异。

例如，一个新手拍摄者使用 50mm 焦距镜头手持拍摄固定被摄体，不打开防抖时的安全快门是 1/30 秒（指不能低于这个速度，可以高于这个速度），而有经验的熟练者可以用到 1/10 秒做安全快门。

一般的长焦镜头的安全快门为 1/ 镜头焦距，也就是使用镜头焦距的倒数，但是，打开防抖以后，安全快门可以下降 3 ~ 4 挡。拍摄移动物体的安全快门较为复杂，例如，横向快速行驶的汽车和慢速行驶的汽车的安全快门是不一样的，同样速度行驶但相对相机方向不同的两部汽车它们的安全快门又不一样。

综上所述，在具体的拍摄中需根据不同情况，来调整适用于该种情况的安全快门。除了借鉴他人的经验值外，更多的还是需要通过自身的试验尝试来确定。所谓的"安全快门"只不过是一个概念而已。

下图在拍摄时使用了长焦镜头，快门没有设定在安全快门的范围内，又没有安装脚架，所以画面有明显的虚化。

2.13　倒易律

倒易律是指光学反应中的反应量（即光的照度和照射时间之积）与照射光量成一定比例：

光圈大一挡 = 快门慢一挡

光圈小一挡 = 快门快一挡

在测光值的基础上，如果开大一挡光圈，速度就会相应自动放慢一挡。

以佳能 5D Mark Ⅲ 相机为例，在拍摄时通过测光得出光圈 F16、快门 1/30 秒，如果想得到更浅一点的景深，那么就可以利用倒易率，选择大光圈 F8。由于 F8 比 F16 增大了 6 挡，那么快门相应地放慢 6 挡，变为 1/125 秒，这就是倒易率。下图是倒易律现象的示意图。

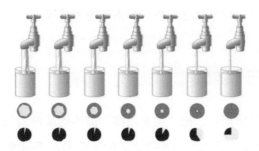

2.14　倒易律失效

拍摄环境为极照度（特殊照明条件下的照射度）的情况下，倒易律会产生失效的现象。

（1）低照度倒易率失效：用极微弱的光（照度）拍摄时，感光器的感光度迟钝，此时的光圈或快门不受控制，就会呈现出倒易律失效。此时，往往需靠其他方式来进行调整。

（2）高照度倒易率失效：照度非常强时，通常在 1/1000 秒以上的时间曝光的摄影条件下，感光器的作用下降，用计算的曝光量拍照，底片的密度不足。

2.15　光比

光比指的是一幅图像中同时出现的明和暗区域的差别，这种差异范围越大代表光比越大，差异范围越小代表光比越小。在风光摄影中常常会出现天很亮地很暗的现象，这种现象就是光比现象，特别是在日出、日落的逆光情况下，光比现象越发突出。

2.16　色温与白平衡

色温是衡量颜色的物理量，把"绝对黑体"加热到某种颜色时所对应的温度即色温，单位是开尔文（K）。色温与白平衡之间的关系为：环境的色温越高，整个环境就趋向于蓝色；环境的色温越低，整个环境就趋向于红色。而正确设置白平衡就是摄影者可根据自己拍摄的需要自定义白平衡，在环境色温高的时候可根据需要随意调节白平衡的值，来改变颜色，可给照片里增加黄色来综合环境的蓝色；在色温低的时候往照片里加蓝色来综合环境的红色。

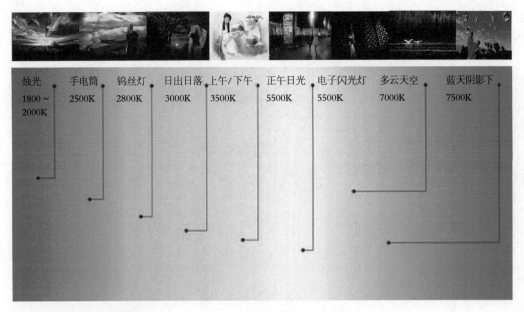

烛光	手电筒	钨丝灯	日出日落	上午/下午	正午日光	电子闪光灯	多云天空	蓝天阴影下
1800～2000K	2500K	2800K	3000K	3500K	5500K	5500K	7000K	7500K

上图中色温举例如下。

烛光的色温大概是 1900K。白纸放到烛光下就是橙黄色。

家用白炽灯的色温大概是 2800K。白纸放到白炽灯光下就是黄色。

日光的色温大概是 5500K。白纸放到日光下就是白色。

闪光灯的色温大概是 6000K。白纸放到频闪灯的闪光下就会特别白。

白色荧光灯色温大概是 7000K。白纸放到白色荧光灯下就是白色偏蓝。

第 3 章

摄影的三大模式

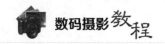

摄影的三大模式为：测光模式、对焦模式、拍摄模式。

3.1 测光模式

相机的测光模式主要包括评价测光（又称矩阵测光）、中央重点测光和点测光三种。

1. 评价测光（矩阵测光）

使用评价测光模式，相机会根据取景器内的所有光线进行综合测光。并且，反馈的信息是被拍对象的一种平均值。这种测光模式在拍摄光线分布均匀，没有太大反差的风景照时有良好的表现，但在光线复杂，特别是画面光比较强烈的情况下，评价测光容易出现错误。这时，就要根据拍摄者的意图重新调节曝光补偿，以保证正确的曝光。这种测光模式比较适合在风光摄影中使用。

2. 中央重点测光

顾名思义，这种测光模式主要在拍摄主体位于中央时作用显著，在拍摄时不用担心照片边缘光源对相机的测光影响，在这种模式下，同样也需要通过调节曝光补偿来弥补测光带来的不足，才能达到最准确的曝光效果。

3. 点测光

点测光是这三种测光模式中测光面积最小、最精确的测光模式，这种测光模式虽然精准但是不容易掌握，如果选择的测光点不准确，曝光就会和预期效果有很大偏差。这

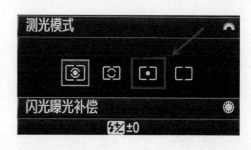

种测光模式非常适合于配合大光圈、点对焦，以便虚化背景。

3.2 对焦模式

随着数码相机的迅速发展，对焦模式也变得复杂了。对焦模式大致可划分为自动对焦和手动对焦两大类。现以佳能 5D3 相机为例讲解。

1. 自动对焦

自动对焦分为区域对焦和动态对焦两大类。

（1）区域对焦。大致可以分为以下 7 种形式。

① 手动选择定点自动对焦。

② 手动选择单点自动对焦。

③ 手动选择区域自动对焦。

④ 扩展自动对焦区域。

⑤ 扩展自动对焦区域：十字。

⑥ 扩展自动对焦区域：周围。

⑦ 自动选择 61 点自动对焦。

（2）动态对焦。大致可以分为以下 3 种。

① 单次自动对焦（ONE SHOT）。在这种对焦模式下，只要半按下快门，相机取景器里的红色小点就会亮起，表明对焦完成。

如果想调节对焦点，可以拨动快门旁边的拨盘，选择好对焦点再半按快门，等对焦点亮起，对焦完成后，完全按下快门，就可以得到一张焦点清晰的照片。

这种对焦模式主要是拍摄一些静止的物体、人像、风景等，不适合拍摄运动的物体。

② 人工智能自动对焦（AL FOCUS）和人工智能伺服自动对焦（AL SERVO）。这两种对焦模式主要是用于拍摄运动的物体，例如拍摄比赛、跑动的动物等。

当相机设置了人工智能对焦或人工智能伺服对焦的时候，相机就会智能地识别出运动中的物体，并以此做出相应的调整。

在人工智能对焦模式下，对焦操作和单次自动对焦相同。但如果拍摄对象开始运动时，相机就会马上发现，并自动转到人工智能伺服对焦，这两种模式之间的切换非常迅速，确保能得到焦点清晰的照片。

在人工智能伺服对焦模式下，相机可对运动中的物体进行连续性对焦，以保证对焦的准确。

这两种对焦模式适合拍摄很难保持对焦准确的体育比赛。

2. 手动对焦

大多数单反镜头都有手动对焦和自动对焦的切换键，镜头上 AF 和 MF 的就是手动对焦切换键。

手动对焦选择：M（机身）＋ MF（镜头）。

在手动对焦模式下，可以通过旋转镜头上的对焦环来选择焦点。

手动模式主要应用于低光照低对比度的环境或者是一些复杂图形的场景。因为在这些场景下，相机的自动对焦系统会失灵，无法找到准确的焦点。所以，遇到这些情况，最好的方法是用手动对焦。一边从取景器中观察要拍摄的场景，一边旋转镜头上的对焦环来选择准确的焦点。

下图在拍摄时现场光线较暗无法完成自动对焦程序，便转换为手动对焦进行拍摄。

3.3　拍摄模式

1.　单拍

单拍是常规的拍摄模式。

2.　连拍

连拍是针对有连续动作时的对象所设置，有些相机还设有高速连拍和低速连拍。连拍的目的是准确抓住运动中最为精彩的一瞬间。

3.　预设延时 10 秒自动拍摄

一般用于集体合拍。在这种拍摄模式下，时间一旦设定，拍摄者有足够的时间加入到集体合影的行列中去。

4.　预设延时 2 秒自动拍摄

有经验的摄影师为了减少拍摄中相机所造成的震动，将此功能作为一种减震的方法。

第4章

图片的基调

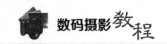

通常，所有的照片的基调有三种：高调、低调、中间调。平常我们接触最多的就是中间调，它也是在摄影中常规表现的基调。另外两种就是我们运用白加黑减的原理来完成的高调和低调了。

中间调好表现，高调和低调的表现是要具备一定的条件的。例如，高调必须要具备大面积的浅色环境，再运用白加的原理来加以表现，如雪地、大面积的水域、白墙等。

4.1　高调

高调在摄影中是运用了"白加黑减"原理中的"白加"原理进行拍摄的。一般认为，白色占画面的70%以上，称为高调。高调的画面给人以明亮、清新的感受。

高调的拍摄方法如下。

（1）选择在散射光下进行拍摄（阴天）。

（2）增加曝光量，从而在增曝中隐去中间的层次，达到突出主体的目的。

（3）增加菜单中风光的"反差"，达到提升画面的对比度的效果。

下图是在福建霞浦所拍，当时天气阴沉，没有阳光，呈现明显的散射光源。此时增加了3级曝光量，并在风光模式中将对比度提至最高，目的是将画面的中间层次去掉，只留下了明和暗的对比关系。

4.2　低调

　　低调拍摄必须在有明显的光照环境下进行。这种光线角度比较低（日出日落的直射光源），也就是我们常说的摄影的黄金光区，并且运用"白加黑减"原理中的"黑减"原理来进行拍摄。一般认为，黑色占画面的 70% 以上，称为低调。

　　低调与高调的目的一样，都是设法减去中间层次，从而达到提升画面线条和形的效果。深色的低调虽然占据画面 70% 以上的面积，但它仍然给人以清新明朗的感觉，并且突出了主体。

　　低调拍摄的方法如下。

　　（1）选择在黄金光区内的直射光源。

　　（2）尽量减少曝光量。

　　（3）增加菜单风光中的"反差"来加强画面中的对比度。

4.3　中间调

　　中间调是我们最常见且最善于表现的基调，也是我们最为熟悉的基调。它的表现在画面中即不偏深又不偏浅。在拍摄中基本上不需要对相机内的功能进行特殊的设置。

　　这种拍摄方法比较平淡，是司空见惯的一种常态的表现手法，很难达到抢视觉的效果，但是在这种基调中，如果运用好，构图、色彩、Tv、Av 也会有所突破，拍摄出佳作。

第5章

单反相机的原理、构造与功能

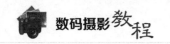

随着科技的发展和数码相机时代的来临，数码相机已经成为大众摄影和专业摄影领域的主要工具。而性能强大、功能繁多、成像质量优秀的数码单反相机不但成为专业摄影者的首选，也越来越受到普通摄影爱好者的青睐。

数码单反相机的全称是数码单镜反光相机（Digital Single Lens Reflex Camera，DSLR），是指用单镜头，并且光线通过此镜头照射到反光镜上，通过反光取景的相机。本书中简称为单反相机。

单反相机定位于数码相机中的高端产品，因此在关系数码相机摄影质量的感光元件（CCD 或 CMOS）的面积上，单反相机的面积远远大于普通数码相机，这使得单反相机的每个像素点的感光面积也远远大于普通数码相机。因此每个像素点就能表现出更加细致的亮度和色彩范围，使单反相机的摄影质量明显高于普通数码相机。

单反相机的另一个特点就是可以交换不同规格的镜头，这是单反相机天生的优点，是普通数码相机不能比拟的。

单反相机还拥有大量的手动功能，可以根据摄影者的需要调整相应的功能，实现想要的效果。

5.1　单反相机的工作原理

从单反相机的构造图中可以看到，光线透过镜头到达反光镜后，反射到上面的对焦屏并形成影像，再通过目镜和五棱镜，即可以在取景器中看到拍摄对象。

光线通过镜头后，被反光镜反射到磨砂取景屏中后，再通过一块凸透镜，并在五棱镜中折射，最终图像出现在取景框中。当我们取景、构图完成后即可按下快门，光线通过镜头沿上图箭头所示方向进入，反光镜被抬起，图像就被拍摄在感光元件（图像感应器）上，与取景屏上所看到的一致。

　　在取景时，快门闭合，此时光线不会到达感光元件上。只有在按下快门按钮时，机身的反光镜迅速向上翻起，让光线通过镜头顺利地到达感光元件上，即完成拍摄。当整套工作流程完成后，相机中的反光镜又立即复位，呈现闭合状态。

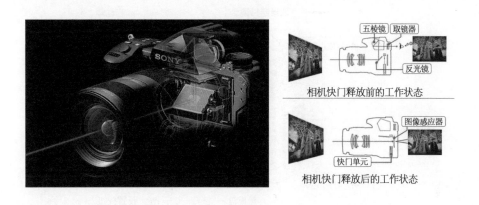

相机快门释放前的工作状态

相机快门释放后的工作状态

5.2　单反相机的构造及功能

1.　单反相机的外形

（1）佳能相机的外形正面功能图解

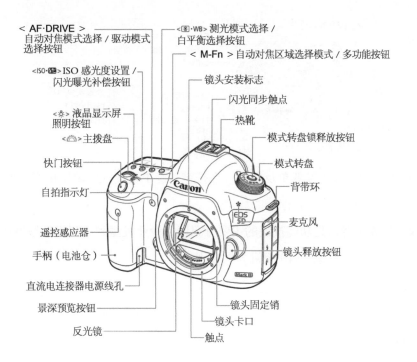

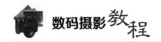

（2）佳能相机的外形背面功能图解

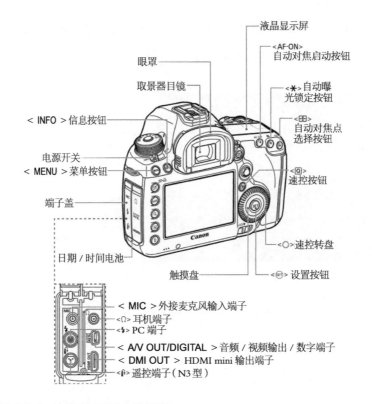

眼罩

取景器目镜

< INFO > 信息按钮

电源开关
< MENU > 菜单按钮

端子盖

日期 / 时间电池

触摸盘

液晶显示屏

<AF-ON>
自动对焦启动按钮

<✱> 自动曝
光锁定按钮

<⊞>
自动对焦点
选择按钮

<Q>
速控按钮

<○> 速控转盘

<SET> 设置按钮

< MIC >外接麦克风输入端子
<∩> 耳机端子
<↯> PC 端子
< A/V OUT/DIGITAL > 音频 / 视频输出 / 数字端子
< DMI OUT > HDMI mini 输出端子
<ᚱ> 遥控端子（N3 型）

（3）尼康相机的外形正面功能图解

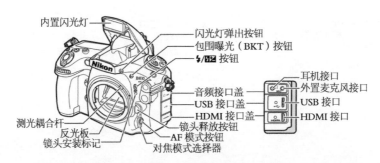

内置闪光灯

测光耦合杆
反光板
镜头安装标记

闪光灯弹出按钮
包围曝光（BKT）按钮
↯/⊞ 按钮

音频接口盖
USB 接口盖
HDMI 接口盖
镜头释放按钮
AF 模式按钮
对焦模式选择器

耳机接口
外置麦克风接口
USB 接口
HDMI 接口

尼康 D810 相机作为专业单反相机，在按键功能上要比入门单反相机丰富得多。

（4）尼康相机的外形背面功能介绍

尼康单反相机背面是功能按键的主要分布区，专业机型和入门机型按键的数量会有很大的区别，现以尼康 D810 相机为例分别介绍。

① 菜单功能键

进入尼康单反菜单设置时需按动此键。在尼康入门级到高端专业机型里，此功能均使用 MENU 图标显示。

②测光模式选择键

可以选择三种测光模式，分别为点测光、3D 矩阵测光（尼康特有技术）、中央重点测光。在尼康入门级到高端专业机型里，此功能均使用这三种图标显示。

AE 自动测光 /AF 自动对焦锁定键：AE 自动测光锁定这个功能可以锁定已经测好的曝光值，即使光线变化，曝光值也不会改变。

③AF 对焦启动键

AF 自动对焦锁定键是当完成对焦操作后，按下此键，就可以一直保持已对好的焦点，即便再次半按快门对焦，对焦系统也不会启动。此功能键是用于启动 AF 自动对焦功能，可独立作为对焦使用。这个功能只在尼康高端或中端机型中才会有。

④后功能拨轮

主要与前功能拨轮配合负责光圈或快门参数的调节，在菜单里也可以互换它们的功能。在回放预览模式下，此键用于切换照片显示参数。

⑤顶部按键功能

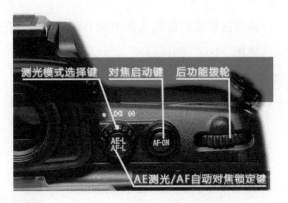

⑥焦点 / 功能选择键

用于在对焦时选择焦点，或菜单里选择不同的功能选项。这个多方向的按键类似于游戏机手柄的方向键，操作非常方便，是尼康相机的特色之一，在入门级到高端机型中均有此设置。

⑦背屏参数信息显示键

用于在屏幕上显示相关参数信息。在尼康入门级到高端专业机型里，此功能均使用 info 图标显示。

⑧ 照片格式（质量）选择键

按住此功能键，通过拨动前拨轮或后拨轮来选择照片格式或照片质量。在尼康入门级到高端专业机型里，此功能均使用"QUAL"图标显示。

⑨ 白平衡选择键

按住此功能键，通过拨动前拨轮或后拨轮选择不同白平衡模式。在尼康入门级到高端专业机型里，此功能均使用"WB"图标显示。

⑩ ISO 感光度选择键

按住此键，通过拨动前拨轮或后拨轮选择不同 ISO 感光度。在尼康入门级到高端专业机型里，此功能均使用"ISO"图标显示。

⑪ 拍摄模式选择键

这个功能键只在尼康高端或中端机型中应用，入门级低端机型均要到菜单里进行相关设置。

S：单张拍摄。

CL：低速连拍，可在菜单里设置低速连拍张数。

CH：高速连拍，可在菜单里设置高速连拍张数。

LV：实时取景功能，可以像使用普通数码相机一样，通过背屏进行对焦取景拍摄。

M-up：反光板预升，使用此功能会减少反光板震动带来的抖动。这个功能只有尼康中高端机型才会有。

⑫ 曝光模式选择键

按住此键，再拨动后功能拨轮就可以切换不同的曝光模式，分别有：A 挡光圈优先、S 挡速度优先、P 挡程序曝光、M 挡手动曝光。这个功能键只在尼康中高端机型中才会有，在入门低端机型里是通过右肩位置的功能模式转盘来实现的。

⑬ 曝光补偿选择键

在测光时，对测光参数进行加减补偿，具体操作是按住此键，再拨动后功能拨轮。

掌握上述这些基本功能按键的操作，在我们日常的拍摄中就会得心应手，从而达到不失时机地熟练捕捉到瞬间出现的景象。

2. 单反相机顶部液晶显示器的作用

单反数码相机右侧肩上的液晶屏幕也叫速控屏幕，顾名思义，通过查看这个屏幕能达到快速调节相机参数的目的。

单反相机顶部液晶显示器上的参数包括拍摄模式、快门速度、光圈值、驱动模式、ISO 感光度、曝光补偿、自动对焦点、自动对焦模式、照片风格、测光模式、白平衡、图像记录画质、储存卡剩余拍摄张数等。要改变这些参数，需要配合相机上的其他选择功能键、拨盘和转盘来实现。

（1）佳能相机顶部液晶显示器的功能图解

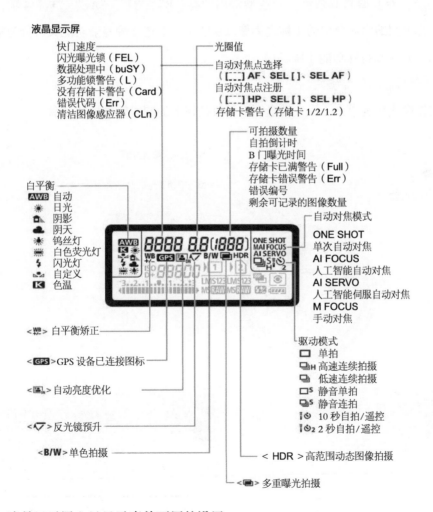

液晶显示屏

快门速度
闪光曝光锁（FEL）
数据处理中（buSY）
多功能锁警告（L）
没有存储卡警告（Card）
错误代码（Err）
清洁图像感应器（CLn）

光圈值
自动对焦点选择
（[ ]AF、SEL[ ]、SEL AF）
自动对焦点注册
（[ ]HP、SEL[ ]、SEL HP）
存储卡警告（存储卡1/2/1.2）

可拍摄数量
自拍倒计时
B 门曝光时间
存储卡已满警告（Full）
存储卡错误警告（Err）
错误编号
剩余可记录的图像数量

白平衡
AWB 自动
☀ 日光
◘ 阴影
☁ 阴天
※ 钨丝灯
≡ 白色荧光灯
🗲 闪光灯
◻ 自定义
K 色温

自动对焦模式
ONE SHOT 单次自动对焦
AI FOCUS 人工智能自动对焦
AI SERVO 人工智能伺服自动对焦
M FOCUS 手动对焦

<⚡> 白平衡矫正

<GPS>GPS 设备已连接图标

<⊡> 自动亮度优化

<▽> 反光镜预升

<B/W>单色拍摄

驱动模式
□ 单拍
□H 高速连续拍摄
□ 低速连续拍摄
□S 静音单拍
□S 静音连拍
⚐ 10 秒自拍/遥控
⚐2 2 秒自拍/遥控

< HDR >高范围动态图像拍摄

<⊡> 多重曝光拍摄

液晶显示屏上只显示当前可用的设置。

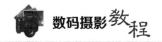

（2）尼康相机顶部液晶显示器的功能图解

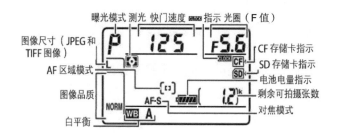

3. 单反相机转盘的功能与作用

单反相机上的模式转盘是最基础的应用，各款相机的设置都会有所不同，但是基本大同小异。转盘的主要作用就是给相机设定传输指令，转盘上的功能很多，但大致可分为两类：专业型和业余型。专业型常用的有"B""M""Av""Tv"4项，其他所有的都可归纳为业余型的（称之为傻瓜功能）。上述4种专业功能又可分为常用功能（Av、Tv）和特殊功能（B、M）。

（1）佳能相机转盘模式功能图解

在按住模式转盘中央（模式转盘锁定释放按钮）的同时转动模式转盘。

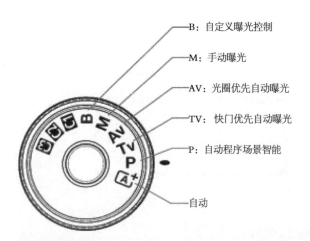

M 手动	**Av** 光圈优先
	（尼康相机"A"挡）
在手动模式下，光圈值和快门速度都由你来设定，不过相机仍然会通过模拟曝光指示来提示你画面是否有欠曝或者过曝的危险。	由你来设定光圈值，相机自动选择相应的快门速度。当需要控制景深（比如虚化背景）时，可以使用该模式。

（2）尼康相机转盘模式功能图解

除常见的功能之外，佳能相机和尼康相机都有各自独有的模式，例如尼康相机的转盘上就有以下的特有模式。

①若要设定 JPEG 和 TIFF 图像的图像尺寸，按下 QUAL 按钮。

②若要调整 ISO 感光度，按下 ISO 按钮。

③若要选择一个测光选项，按下 按钮。

④若要选择白平衡，按下 WB 按钮。

QUAL 按钮　　　ISO 按钮　　　 按钮　　　WB 按钮

4. 数码单反相机内的菜单功能

各种数码相机的厂家不同，设置的方式有所不同，使用的技术也各不相同，故它们的操作方法也不相同。如菜单设置就有三种方式。

第一种是常见的参数设置，使用时只要将数码相机的设置功能键（SET UP）按动一次，在液晶显示屏上就会出现多组选择设置参数的菜单。

第二种是按动设在数码相机上的菜单键（MENU），液晶显示屏会出现多组菜单。这种方法相对较容易，使用时，只要熟悉普通照相机的性能操作即可。

第三种是通过数码相机上的功能键进行操作，更直观。如要删除照片，只需按照片删除键，液晶显示屏上会出现对话框，使用者确认后，照片就会被删除。一些中高档数码相机都采用这种设计，它能使用户避免操作复杂的菜单，操作较迅速。在操作过程中必须要了解设在数码相机上重要的多功能选择键。

（1）了解"画质"

单反相机内设菜单中的"画质"代表着图片的像素，一般常用的可分为 RAW 格式和 JPEG 格式两大类。它们之间的区别在于画面像素的大小不同。

RAW 格式：它的优点是，画面的像素较大，并且支持后期制作，在后期制作中损失的像素较少；缺点是不支持前期的设置，即我们在前期拍摄时，事先对相机内的所有设置和调节在计算机里将全部消失。

JPEG 格式：它的优点是，支持前期的设置，可完整地保留我们在拍摄前所有对相机的设置；缺点是画面像素不如 RAW 格式，特别是在通过后期制作后，像素损失较大。

① 以下以佳能 5D3 相机为例，介绍菜单中的画质选择及应用。

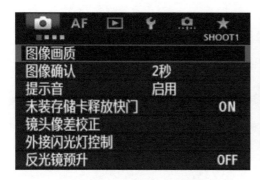

▲菜单中表明的是画质的选择

▲此设置已选择了 JPEG 格式

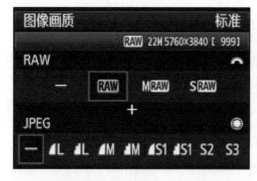

▲此设置表示已选择了 RAW 格式

▲此设置表示已选择了 RAW 和 JPEG 格式

② 以下以尼康 D810 相机为例，介绍菜单中画质的选择及应用。

尼康相机的菜单中的排列构造与佳能相机截然不同，尼康相机菜单点击进入后呈现的是竖式排列，而佳能相机为横式排列。但内容大同小异，很多同样的内容叫法不一样。

下图为尼康相机的菜单形式。

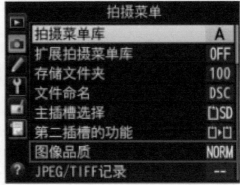

（2）反光镜预升

单反相机的反光镜预升功能是提高成像清晰度的有效手段之一。单反相机拍照过程中，由于 CMOS 位置在反光镜的后面，在按快门的瞬间，反光镜迅速升起，从而完成曝光。

然而反光镜这个动作会给相机带来轻微的振动，对画面清晰度有很大影响。在曝光前将反光镜预先升起来，可以降低在拍摄过程中因反光镜升起而产生的机震，从而提高照片的清晰度和锐度。为了使画面能达到最佳的清楚度，往往会采用配合三脚架和快门线使用进行反光镜预升拍摄，并且，选择小光圈才能达到最佳效果。

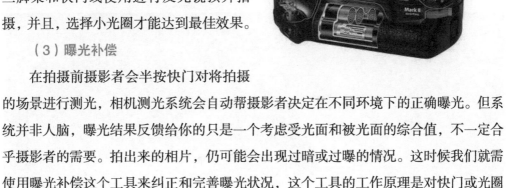

反光镜

（3）曝光补偿

在拍摄前摄影者会半按快门对将拍摄的场景进行测光，相机测光系统会自动帮摄影者决定在不同环境下的正确曝光。但系统并非人脑，曝光结果反馈给你的只是一个考虑受光面和被光面的综合值，不一定合乎摄影者的需要。拍出来的相片，仍可能会出现过暗或过曝的情况。这时候我们就需使用曝光补偿这个工具来纠正和完善曝光状况，这个工具的工作原理是对快门或光圈值的微调。

基本操作如下：如果拍出来的相片太暗，应该增加曝光补偿值（+EV）；如果拍出来的相片过曝，则应该减少曝光补偿（-EV）。

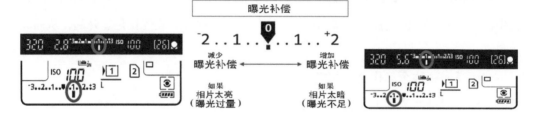

（4）ISO

　　ISO（感光度）就是相机的感光器件对光的敏感程度。感光度越高，感光器件对光越敏感。在拍摄中经常遇到被摄环境光线很暗时，在相同的光圈、快门设置下，低ISO拍出的照片，可能显得很暗，这是曝光不足问题，提高了ISO后，照片就会明亮起来。

通常，在不能加大光圈和降低快门速度的情况下，可用提高 ISO 来获得足够的曝光量。但随着 ISO 的提高，照片上产生的"噪点"也随之增加，照片上会出现许多的"马赛克"。所以，有条件的情况下（光线较好），或没有设置上的限制时，应该尽量使用较低的 ISO 值进行拍摄。这样，照片的质量及像素会大大地提高。只有在光线很差，又无法用增大光圈或降低快门速度来满足曝光量时，才采用提升 ISO 的办法。

① 设置佳能相机 ISO。

佳能相机 ISO 在机身顶部液晶显示器（肩屏）上选择与调节。

② 设置尼康相机 ISO。

尼康相机 ISO 在机身上方转盘上选择和调节。

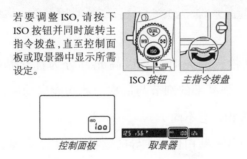

（5）自动亮度优化

自动亮度优化，指的是在拍摄中遇到光比较强的情况下，专门针对暗部或者在逆光中光线不足时，人物面部变得昏暗的情况下，此功能能够对被摄体进行亮度分析，并根据拍摄结果自动进行适当的亮度调整，也就是说它在光比较强的情况下只针对暗部细节进行提升。

自动亮度优化功能的特点为：成像处理时，可根据拍摄结果自动进行适当的亮度和反差的调整。此项功能选定后后背的视频会弹出选项窗口，即关闭、弱、标准、强，四项供拍摄者视拍摄对象而选择。

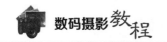
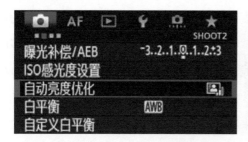

（6）高光色调优先

高光色调优先是相机测光时，将以高光部分为优化基准，用于防止高光溢出，同时也会相对地增强亮部的细节与层次。此功能启动后，相机的ISO会限定在100～1600（不同品牌相机有不同）。

高光色调优先，对于一些白色占主导的题材很有用，例如白色的婚纱、白色的物体、天空的云层等。使用后可以看出高光区域细节保留丰富，也就是说此功能是专门针对反差较强画面中的亮部细节的提升。这个功能，佳能相机叫作"高光色调优先"，尼康相机叫作"D-elighting"，叫法不同，但意思相同。

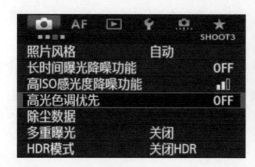

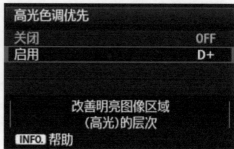

（7）白平衡

白平衡在相机中以 K 值和图标来表述，K 值的变化会带来画面中的色温和色调的变化。

在大自然中物体因受光线的影响，颜色会产生改变，所拍摄出的照片颜色会有偏差。

白平衡的基本概念就是"不管在任何光源下，都能将因受各种环境光影响而造成偏色的物体还原为白色"。对在特定光源下拍摄时出现的偏色现象，通过加强对应的补色来进行补偿以达到还原的效果。因此，数码单反相机在工作中对被拍对象环境中光线所造成的色彩偏差进行修正，这个过程就称为白平衡。设置白平衡就是对拍摄环境光源属性进行调整，最终使拍出的照片偏色现象减少或完全消失。

K 值的漂移会带来色温与色调的变化：

3000K	5000K	8000K
色温高		色温低
色调冷		色调暖

由此可见，K 值的改变会影响色温与色调的变化。如果掌握了 K 值、色温、色调之间的关系，并且灵活地运用 K 值，我们的作品就会丰富多彩。低端相机的白平衡是以图标的形式来表现的，而专业级的相机除了设有图标，还增设了 K 值，更进一步方便了我们在摄影创作中更加细致、更加完美地表现画面的色彩。

白平衡在一天中的变化是有规律性的。早上拍摄的画面色调偏冷，色温较高；下

午的画面色调偏暖，色温较低。上午 9 时至下午 3 时左右色调色温比较正常，基本上不会出现偏色的情况。但是，夜晚偏色的现象非常明显，画面往往会明显地偏橙红色，这就需要调节 K 值来改变画面出现的偏色现象。

上图拍摄的是上午 6 点左右场景，画面色温偏高，呈现出蓝色调，经改变 K 值为 6500 后，画面的颜色就比较正常了。

▲ K 值为 7500　　　　　　　　　　　　▲ K 值为 4000

上图是在同一地点、同一时间运用了不同的白平衡所得到的不同效果的照片。

（8）白平衡偏移（色彩漂移）

设定白平衡偏移（色彩漂移），可自定义选择画面的各种颜色，从而达到摄影者想要的各种色温。点击菜单进入白平衡偏移后，即可弹出类似调色板的界面，利用它可选择和调配摄影者想要的所有颜色。此功能犹如画家的调色盘，从中可任意调配和选择画面的色彩，所以称之为"色彩漂移"。

调节白平衡偏移后，画面会出现两个明显的效果：

① 画面显得柔和。

② 有一种类似后期的效果。

本书的第三部分将详细讲解色彩漂移。

（9）照片风格

照片风格的设定，在于被拍对象与环境，不同的拍摄对象使用不同的拍摄风格。

① 佳能相机菜单中的风格设置

佳能相机中设置了多种照片风格，常用的有 5 种，不同照片风格适用不同的拍摄场景。

a. 中性：呈现出低色彩饱和度与低对比度。

适用场景：如果拍摄前考虑要把更多的调整工作留到计算机上进行后期制作，可选择"中性"设置。

b. 风光：能加强画面颜色的表现，色彩对比鲜艳。

适用场景：风景摄影，但阴天时效果并不明显。

佳能相机菜单中的风光模式见下图。

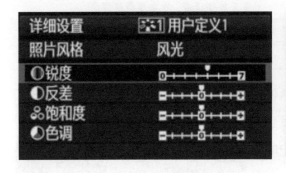 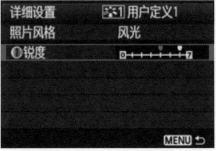

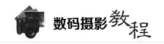

参数设置和效果

◐锐度	0：柔和的轮廓	+7：锐利的轮廓
◑反差	−4：低反差	+4：高反差
♣饱和度	−4：低饱和度	+4：高饱和度
◒色调	−4：偏红肤色	+4：偏黄肤色

　　c. 可靠设置：完整呈现在色温 5200K 时的景物的原始色调。

　　适用场景：效果和中性风格相仿，颜色更忠实还原物体本来的色彩。

　　d. 人像：画面呈现比较柔和。相机出厂时厂家为了使画面达到柔美的效果，特意把菜单中的锐度和反差减弱了两挡。

　　适用场景：拍摄艺术人像，画面人物的锐度和反差可得到有效地控制。

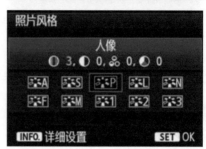

▲佳能相机菜单中的人像模式

　　e. 单色：单色中除了有黑白效果，还设置了滤镜效果和色调效果。

　　适用场景：除非目标明确，建议慎重选择，因为设置后无法再转回至彩色照片。

　　佳能相机菜单中的滤镜模式：

滤镜	效果示例
N：无	没有滤镜效果的普通黑白图像
Ye：黄	蓝天显得更自然，白云显得更清晰
Or：橙	蓝天显得稍暗，夕阳显得更辉煌
R：红	蓝天显得相当暗，落叶显得更鲜亮
G：绿	肤色和嘴唇显得柔和，树叶显得更鲜亮

　　选择单色中的滤镜模式，画面仍然保留黑白状态，但是在黑白中的层次会发生较大变化，如果想更进一步提升黑白中的效果可尝试使用上述的"滤镜效果"。

　　选择此项功能后界面有 5 种选项，除了其中的"无"外，其他另外 4 种都会呈现出不同颜色的单色效果供用户选用。

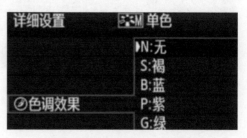

▲佳能相机菜单中的色调效果模式

下图使用了单色效果中的绿色画面，呈现出绿色的基调。

② 尼康相机菜单中的风格设置

选择优化校准：可根据拍摄对象或场景类型选择优化校准。

选项	说明
SD 标准	进行标准化处理以获取均衡效果。在大多数情况下推荐使用
NL 自然	进行最小限度的处理以获取自然效果。将来需要进行处理或润饰照片时选用
VI 鲜艳	进行增强处理以获取鲜艳的照片打印效果。强调照片主要色彩时选用
MC 单色	拍摄单色照片
PT 人像	用于制作纹理自然、肤质圆润的人像照片
LS 风景	用于拍摄出生动的自然风景和城市风光照片
FL 平面	保留广范围色调（从亮部到暗部）中的细节。将来需要进行广泛处理或润饰照片时选用

（10）长时间曝光降噪功能

在长时间曝光或者高 ISO 条件下拍摄出来的照片，由于感光时间过长或者感光元件敏感度的提高，会造成在成像上产生粗糙颗粒感现象。开启长时间曝光降噪功能可以通过数码相机自带软件或者图像处理软件自动降低图片的颗粒感，使图片变得更加细腻。

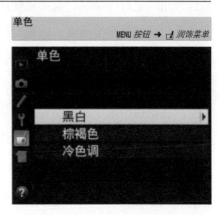

（11）高 ISO 感光度降噪功能

使用高 ISO 感光度降噪功能，可以有效地抑制高 ISO 感光度拍摄时产生的噪点。在日常的拍摄中会经常遇到由于各种环境的因素，导致只能使用手持相机进行夜景拍摄或禁用闪光灯等情况，就必须使用高感光度进行拍摄。在进行长时间曝光拍摄时，图像会比较容易产生噪点。而长时间曝光降噪功能可针对拍摄时间 1 秒或更长的图像进行降噪处理。该功能在夜景和 B 门摄影中有良好的效果。

开启此功能能够保持高解像感。另外，由于可以进行自动位置调整，更方便手持拍摄。在拍摄中由于手抖动导致画面内被摄体位置产生微小移动时，相机能够自动调整图像位置，合成时被摄体还不易错位。

① 佳能相机高 ISO 感光度降噪功能

下图是佳能相机菜单中的 ISO 高感光度降噪功能的页面。

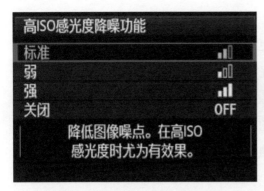 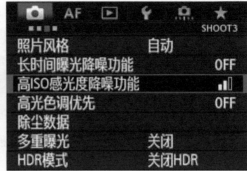

② 尼康相机高感光度降噪功能的设置

相机可处理在高 ISO 感光度下拍摄的照片以减少噪点。

选项	说明
高	减少噪点（不规则间距明亮像素），尤其针对高 ISO 感光度下拍摄的照片。可从高、标准及低中选择所执行的降噪量
标准	
低	
关闭	仅在需要时执行降噪，并且降噪量不高于选择低时的量

　　下图为在较暗的光线条件下拍摄的，手持时为了保证画面的清楚度，即提高了 ISO。感光度提高了，噪点也随之增加了，特别是暗处的噪点就增加了，此时可开启降噪功能，能有效地抑制暗部的噪点。

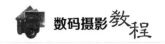

（12）多重曝光

多重曝光是摄影中一种采用两次或者更多次独立曝光，然后将它们重叠起来，组成单一照片的技术方法。由于其中各次曝光的参数不同，因此最后的照片会产生独特的视觉效果。

多重曝光在拍摄过程中，可使用不同的手法如摄影中改变曝光量、改变速度、改变光圈、改变焦距等各种技巧来达到一种独特的创意效果。

多次曝光功能原是胶片相机时代的产物，在传统的胶片单反相机中，多次曝光是一个非常重要的功能，是一种独特的摄影技巧。多次曝光技术的原理是在一幅胶片上拍摄几个影像，让一个被摄物体在画面中出现多次，可以拍摄出魔术般无中生有的效果，这也正是它的独具魅力之处，所以才吸引了很多人使用这种技法。随着数码相机的发展，这种功能更加突显出它的魅力。

尼康相机的多重曝光功能有一定的局限，佳能 5D3 相机以后新出的相机，多重曝光已经很完善了。它不仅有多种拍摄技巧功能的选择，还可以长时间待留在第一张图片中，而且，还能无限期地储存想留做二次使用的图片，为了达到第一张与第二张之间的衔接，佳能 6D 相机出现以后就有了开启实时对焦功能，从而完成精准组合的效果，这就给创意者带来了极大地方便。

（13）HDR 模式

HDR 功能目前在数码相机中被广泛运用，在摄影中更是经常使用到的一种技术，是英文 High-Dynamic Range 的缩写，意为"高动态范围"。

HDR 技术非常人性化地克服了数码相机传感器动态范围有限的缺点，并将图片色调控制在人眼识别范围之内。它能将光比较大的景象在拍摄完成后，用三张曝光不同的照片叠加合成处理成一张没有光比的精美的图像。

使用 HDR 能让照片无论是高光还是阴影部分的细节都很能清晰地表现出来，从而达到缩小光比，营造一种高光不过曝，暗调不欠曝的效果。让亮处的效果鲜亮，让暗处保留更多的细节，非常适合拍摄光比较大的作品。

以佳能 5D3 相机为例，此功能非常人性化，除了设定的有"自动"外，还有"自然""标准绘画风格""浓艳绘画风格""油画风格""浮雕画风格"等。

这些功能虽然很方便，但是使用时需根据拍摄对象慎用，因为有些功能比较夸张，比如"浮雕画风格"，合成出来的图像显得失真，所以，建议一般情况使用"自动"会较自然一些。

（14）格式化存储卡

如果是相机中使用新存储卡，或以前使用其他相机或计算机格式化的存储卡，即可使用本相机格式化该存储卡。

特别提示：格式化存储卡时，卡中的所有图像和数据都将被删除。即使被保护的图像也会被删除，因此要确认其中没有需要保留的图像。必要时，在格式化之前先将图像传输至计算机等设备。

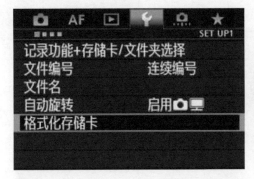

第**6**章

相机的镜头

6.1 镜头的作用

相机镜头是相机中最重要的部件，因为它的好坏直接影响到拍摄成像的质量。同时镜头也是划分相机种类和档次的一个最为重要的标准。一般来说，根据镜头，可以把相机划分为专业相机、准专业相机和普通相机三个档次，无论是传统的胶片相机还是现代的数码相机，都可以这样划分。

镜头的工作原理如下。

（1）取景

当光线透过相机的镜头到达反光镜后，再折射到上面的对焦屏并结成影像，透过接目镜和五棱镜，摄影者可以在观景窗中进行构图取景。

（2）拍摄

当摄影师构图、对焦、测光完成后按动快门，相机的反光板开启，光线通过镜头进入感光器并记录画面的影像。

镜头又可划分为变焦和定焦两大类。

1. 定焦镜头

定焦镜头没有变焦的需求，镜片结构相对也比较简单，能减少光线在镜头中绕射的可能，提供更清晰锐利的影像。

2. 变焦镜头

变焦镜头是在一定范围内可以变换焦距，从而得到不同宽窄的视场角。

变焦镜头在不改变拍摄距离的情况下，可以通过变动焦距来改变拍摄范围，因此非常有利于画面构图，极大地方便了摄影者在拍摄中的构图和取景。

6.2　镜头的三大定律

1. 镜头的长短与景深的关系

镜头的焦段越长，景深就会越浅，镜头的焦段越短，景深就越长。这是由于光学仪器本身性质所造成的一种物理现象，摄影者可以将这种物理现象运用到画面中的成像中去，从而能得到不同景深的效果。

2. 镜头与景距的关系

在拍摄中，相机与被摄体的距离越远，景深就会相对增加，与被摄体越近景深就会相对减小。

3. 光圈的大小与景深的关系

光圈越大，景深就会越浅（图像清晰的范围）。光圈越小，景深就会越长。

6.3 镜头的基本结构

对焦环
旋转对焦环时，内部的镜片将移动，可实现对焦，手动对焦也如此进行。对焦环的位置因镜头种类不同而有差异，可能位于镜头的前部或者后部

距离刻度
在表示镜头伸出量的同时，显示与被摄体之间距离的刻度标记。在风光摄影时当需要对远处的物体进行拍摄，并希望使用手动对焦时很有用。有部分自动对焦镜头无此刻度标记

变焦环
变焦镜头具有用于改变焦距的变焦环。调整变焦环可改变视角。定焦镜头由于焦距固定，无法进行变焦

卡口

变焦伸缩部分

透镜
镜头的内部包括组合结构复杂的多枚透镜。根据玻璃材质、加工方法等不同，有各种不同种类的透镜。根据组合形式不同，最终画质也有所差异。但镜头性能并不是简单地与透镜枚数的多少成正比

光圈叶片
位于镜头内部，用于调整通光量。光圈叶片的位置因镜头种类不同而有差异

索尼 Sonnar T*135mm F1.8 ZA 镜头内部构造

腾龙 SP AF 180mm F3.5 Di LD [IF] MACRO 1:1镜头内部结构

6.4　镜头的种类

焦距和光圈是数码单反镜头最重要的两个参数。镜头按焦距的长短可分为以下几类。

▲图片来源于网络

1.　广角镜头

广角镜头是指焦距在 35mm 以下的镜头，如 28mm、24mm 和 16mm 的镜头。这种镜头比较适合于人文摄影，使人物在画面中产生一定的夸张变形，目的是加强视觉的冲击力，同时又突出了主体。这种镜头被人们称为"大三元"中的第一种。

2. 超广角镜头

一般来说，焦距 24mm 以下的镜头都称为广角镜头。

焦距 1mm 以下的镜头系列可称为超广角镜头（也是我们常说的鱼眼镜头）。这种镜头由于视角为 180°，变形较为强烈，所以，它不适合拍摄人像，一般常用于拍摄建筑的夸张效果。

3. 标准镜头

标准镜头的焦距是 50mm，它的视角与人眼最接近，因此被称为"标头"。标准镜头可以在不变形的前提下以最大的视角来展示画面，所以人们常用它来拍摄风光照片。但是，它又适用于大光圈（如采用光圈 F1.4 等），所以，它又是人像摄影师的最爱。

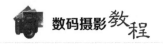

4. 中焦镜头

一般焦距在 24 ～ 70mm、24 ～ 105mm 这类段位的镜头称为中焦镜头。这种镜头由于既接近广角又接近长焦，同时还涵盖标头，所以使用起来比较方便，是摄影师必备的镜头。它也是拍摄风光、人像常用的镜头。它是人们称的"大三元"中的第二种。

5. 长焦镜头

焦距在 70 ～ 200mm、70 ～ 300mm 段位的镜头就是我们所说的长焦镜头。这个焦段的镜头用处广，可以拍摄风景、花卉、人像。特别是 70 ～ 200mm 这款镜头，在花卉、人像摄影中有着特殊的表现，因为这款镜头有 F2.8 的光圈，所以能达到最佳的虚化效果。它也是摄影师必备的镜头，被称为"大三元"中的第三种。

6. 长定焦头

　　焦距为 600mm 和 800mm 的定焦镜头（600 定、800 定），称之为长定焦头，常用于生态摄影（如拍摄鸟类等），也称之为专业的拍鸟类的镜头。但是，这类镜头通常都又大又沉，而且价格不菲，又缺少防抖的帮助，使用起来限制很多，所以实际上使用到的机会并不是特别多。

摄影：王铁树

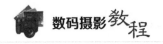

7. 微距镜头

微距镜头是一种用作微距摄影的特殊镜头，主要用于拍摄十分细微的物体，如花卉及昆虫等。为了对距离极近的被摄物也能正确对焦，微距镜头通常被设计为能够拉伸得更长，以使光学中心尽可能远离感光元件。同时在镜片组的设计上，也注重于近距离下的变形与色差等的控制。大多数微距镜头的焦长都大于标准镜头，可以被归类为望远镜头，但是在光学设计上又不如一般的望远镜头。它的特点是景深极浅，甚至可以浅到只有一张纸的平面上，因此，是用作表现虚化和美化背景最佳的镜头。

摄影：刘岚

8. 折返镜头

折返镜头是一种另类的镜头，它的特别之处在于景深浅并在逆光拍摄下会呈现出美丽的小甜圈。这种镜头价格低廉，一般规格为 500mm 定焦镜头（500 定）、800mm 定焦镜头（800 定）、1000mm 定焦镜头（1000 定），可谓是一款价廉物美的好镜头。但是，必须要掌握它的用法，如果不会用，你会误认为是"便宜无好货"。

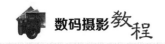

折返镜在工作的时候，光在镜头里会完成一套折返的程序，所以，画面中的明度、纯度及色相都会有损失，从而使得一般摄影爱好者对折返镜有不好的印象。

折返镜从表象来说，有三大缺点和两大优点。

（1）三大缺点

① 饱和度差；② 画面不清晰；③ 对焦难。

详细设置	⚃1 用户定义1
照片风格	风光
◐锐度	0─┼─┼─┼─┼─┼─7
◐反差	▭─┼─┼─0─┼─┼─▭
⅋饱和度	▭─┼─┼─0─┼─┼─▭
◐色调	▭─┼─┼─0─┼─┼─▭

使用的时候可以采用以下的方法规避上述的三大缺点。

饱和度差：拍摄时首先将风光模式中的饱和度提满，可弥补这一缺陷。

画面不清晰：可以将风光模式中的锐度和反差提满，可解决画面锐度的问题。

对焦难：由于折返镜的焦段比较长，一般都在 500mm、800mm、1000mm 这 3 种焦段，所以稍微有一点抖动就会造成画面模糊（在此建议大家初次接触折返镜时要买规格 500 定）。为了避免这种现象，在拍摄时，除了使用三脚架外，还必须使用快门线。此举是尽量避免用手去触碰相机，以减少由此而带来的抖动。同时，把相机的时实对焦开启，并且放大画面中的局部，用手动精细调焦。这样拍出的图片不仅会达到常规镜头中的正常效果，同时，还实现了常规镜头所完成不了的另外两大优点。

（2）两大优点

① 画面在逆光拍摄时会产生小甜圈；② 景深浅。

注意：当折返镜安装在相机上后，镜头的电源与机身切断，相机处于半自动状态，图片曝光的控制只能靠增减快门和曝光补偿来完成。

第7章

镜头的配件

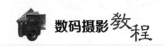

为了增加画面的特殊效果，厂家为镜头配置了各种滤镜，有 UV 镜、渐变镜、减光镜、偏振镜、彩虹镜、多棱镜等，可谓是五花八门。常用的一般有以下几种。

7.1 UV 镜

UV 镜的作用有两种。

① 保护镜头的镜片。一般在拍摄中不免会遇到对镜头磕碰的现象，这时 UV 镜就会对镜头起到一定的保护作用。

② 减少紫外线的影响，这种防紫外线的效果只能是相对的，效果并不特别明显。

普通 UV（O）（O 为光学玻璃）紫外线滤镜：无镀膜，适用于海边、山地、雪原和空旷地带远景等拍摄，质量稍好于 UV（N）（N 为普通玻璃）滤镜，能相对有效地减少因紫外线所引起画面的蓝色调。

7.2 渐变镜

渐变镜也称为 GND 滤镜、渐变灰镜等，其作用是控制风光摄影中的较大光比问题，在拍摄前期解决亮部过曝、暗部欠曝的问题，从而使光比较大的风光达到一种平衡。常用于日出、日落的场景等光比较大的场合。渐变镜有方形和圆形两种可选择，一般地，方形渐变镜使用较为方便灵活。

▲常见的英国李牌（Lee Hard）硬边渐变镜

渐变镜一般分为浅、中、深三种，根据不同的场合、光比的大小来选择使用。一般相对廉价的滤镜都是树脂的。树脂的优点是轻薄，价廉；缺点是容易磨花，叠加容易偏色。而玻璃滤镜的优点是耐磨，不偏色；缺点是厚重，价格偏高。

7.3　减光镜

减光镜也叫中灰密度镜、中性灰度镜或灰度镜、ND 镜，其作用主要是减少光量进入相机。减光镜可以为创作带来更多的曝光手段，让白天变黑夜，发挥更大的创作空间。

慢门拍摄在当今的创意摄影中应用相当广泛，如拍摄海景时，画面可随着速度的调节会产生多种不同的效果，海浪在慢门的效果下会产生如梦如雾的云海，或固化为连绵不绝的丝条状；拍摄天空时，飘过的云彩会留下风云变幻的轨迹，而这些效果用肉眼是无法直接看到的。使用减光镜能控制曝光的效果，会让观者产生诸如奇异、震撼、宁静、唯美等感觉，会让一些平淡的场景看起来更有趣味。

7.4　偏振镜

偏振镜也叫偏光镜，简称 PL 镜，由两片镜片构成。主要用途有两种，一是能有选择性地让某个方向振动的光线通过，在摄影中常用来消除或减弱金属、水、表面的反光现象；二是有效地减少太阳

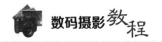

强光下的紫外线，从而提高画面的明度与饱和度。

▲加偏振镜拍出的效果

▲未加偏振镜的效果

7.5　直角取景器

　　直角取景器在使用广角镜头低机位拍摄时应用比较广泛。往往在拍摄广角画面时，都喜欢低角度进行拍摄，这时直角取景器给我们提供了较大的方便，不需趴在地上就能拍摄想要的画面。

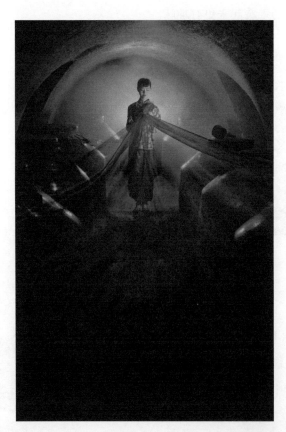

第二部分 摄影的三大要素

第 **8** 章

光影

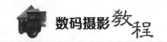

摄影的三大要素是：光影、构图、色彩。

为什么说摄影是光和影的艺术？

摄影和绘画一样，都是光与影的艺术，没有了光，就没有了物体的形状、体积、结构、质感、颜色……就没有了一切。所以说摄影和绘画都是光与影的艺术。

8.1　摄影中常见的光源

1.　光质

（1）直射光

直射光是方向性最强的光线，可以使画面产生明显的明暗反差，以及界线分明的明部区域和暗部区域。被直射光直接照射到的亮部区域景物，色彩的表现也比较好。没有被光线照射到的区域称为阴影区域，摄影师可以通过阴影来掩饰这些区域内的景物，利用明暗对比的手法，更好地突出位于亮部区域的画面主体。

利用早、晚黄金光区强烈的直射光，是拍摄风光照最佳的时间。

（2）漫射光

　　漫射光与直射光完全不同，它不具有明显的方向性，善于表现被摄体的质地。在漫射光的照射下，光影效果不明显，照片的影调相对平淡，光感相对柔和。画面中没有明显的高光区域和阴影区域，这种光线往往是在阴天中产生。同时，由于光照柔和，比较适合于拍摄高调和山水画的照片。

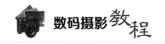

2. 光源

（1）顺光

顺光也被称为正面光，指光线的投射方向和拍摄方向相同的光线。在这样的光线下，被摄体受光均匀，物体没有明暗差别，景物的阴影都投射在不可见的位置，可使人物面部没有层次，更显白净。顺光是拍摄艺术人像较好的照明方式。

（2）侧光

侧光是最佳的风光摄影用光，指与相机光轴成90°的光线。在这种光线的照射下，被摄体明暗各半，高光、亮、暗、次暗区域及明暗交界线非常明显，画面层次丰富，立体感强。使用侧光时要注意光比，光比不能太大，要控制在相机动态范围允许的范围之内，避免景物细节的隐没，使被摄体的质地表现出来。利用侧光拍摄风光和人文可以勾勒出景物的侧轮廓光。

（3）侧逆光

与镜头光轴构成120°～150°夹角的照明光线叫做侧逆光。使用这种光线拍摄，可使被摄体的立体感更为强烈，同时增强了画面的空间感，使其更具有立体感。在使用侧逆光拍摄的照片中，被摄体会形成明少暗多的明暗效果，被摄体受光的一侧会形成条状的亮斑，从而很好地表现出被摄体的立体感，并使层次更为丰富。在室外拍摄时，这种光线可以较好地表现大气透视效果。

在使用侧逆光拍摄时，可以考虑让受光面轻微曝光过度来勾勒出被摄体形态特征，进而提亮暗部以呈现更多的细节。

（4）逆光

虽然逆光条件增加了拍摄的难度，但是逆光情况有时也可用于艺术创作。专业摄影师往往利用逆光来实现某种不同寻常的视觉效果。例如，用逆光勾勒出被摄体轮廓，拍摄被摄体全黑的抽象派剪影效果，利用逆光光源的强烈照射产生生动的眩光或者光芒效果等。

摄影：鲁健

8.2 几种特殊的光线

摄影中还会遇到几种非常特殊的光线，有着非常独特的运用和审美价值，分别是耶稣光、蝴蝶光、伦勃朗光、鳄鱼光、剪影和轮廓光。这几种光线其实都源自自然光。

1. 耶稣光

耶稣光起源于西方的教堂，后被广泛应用于风光摄影中，是风景自然摄影中最为奇妙的光线，它的放射光束或光芒万丈总是令人眼前一亮，但是要想拍摄到这种光线效果，常常只能依赖于好的运气。

2. 蝴蝶光

蝴蝶光是好莱坞电影和剧照的经典用光。它其实也是源自最早的日光摄影法，这种斜顶光能够在鼻子下方投射出蝴蝶一样的影子，使人像看起来轮廓更清晰。

蝴蝶光是一种特殊的人像摄影布光方法，其主光一般位于被摄人物的正前方较高处，它由上至下以 45° 角投射到人的脸部，能够在被摄人鼻子的下方形成蝴蝶状的影子。西方女性尤其适合蝴蝶光。

▲图片来源于网络

3. 伦勃朗光

伦勃朗光是荷兰著名画家伦勃朗发现的一种用光技法。它能够使脸的左右两侧有所变化而不致呆板，这种用光法也有利于将视觉焦点集中至明亮的脸部。当采用伦勃朗光时，一定要注意对脸部阴暗面的补光，如果不补光的话则常常会因太黑而缺乏细节层次。在经过使用闪光灯或反光板补光时，暗部的细节层次就会比较理想了。从某种程度上来说，伦勃朗掌握了现在的 HDR 高动态范围图像处理技术。伦勃朗光尤其适合表现英俊的男性人像。

▲图片来源于网络

4. 鳄鱼光

鳄鱼光又叫美女光，布光方式是从两个柔光箱的中间去拍模特。适合对影棚的女性用光，因其眼神更加明亮，人物面部也能得到均匀的光照。可以让人物的皮肤和头发更加柔美，又会在人物的脸颊产生淡淡的阴影，而使人物具有立体感。

拍摄要求如下。

（1）人物两侧一定要加上反光板减小光比，使光线过渡更加自然。

（2）人物务必要靠近光源，所以比较适合半身和特写（要注意曝光准确）。

5．剪影

剪影的拍摄方法有户外和户内两种。无论是哪种方式，它们的用光原理是一样的。剪影的用光首先是逆光拍摄，在逆光的前提条件下，选择浅色环境作背景，被拍对象呈现出较大的光比，测光以浅色为依据，使处于暗部的主体曝光严重不足，形成了明显的明暗对比。在这种明暗对比下，浅色的背景把暗部的主体衬托出来了。

（1）室内剪影

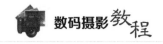

（2）户外剪影

6. 轮廓光

轮廓光和剪影都是一种特殊的用光，区别在于背景不同。同样都是选用逆光拍摄，但是由于背景发生了变化，画面就呈现出另一种效果。

轮廓光在拍摄中分为两种。

（1）室内的轮廓光

（2）室外的轮廓光

8.3　点光和泻光的应用

点光是无色的亮光，泻光是有色的亮光。

一般常规拍摄人像与花卉时不考虑细节，只是把花与人装进画框中即可，但要想用意境有高度的手法表现出来，就需要对点光和泻光进行合理的运用。

（1）画面的点光与泻光的注入。在大光圈下的主体位于逆光的情况下，主体后面的环境一定会有点光和泻光出现，把想要表现的主体合理安排，会给画面增添无穷的意境。

（2）前景虚与后景虚的表现手法。无论是人像还是花卉摄影，首先选择光圈优先，并且采用最大光圈。此时，光圈越大的镜头表现力越好。

（3）环境的选择很重要。寻找点光和泻光的注入，使之成为背景光，画面便有了意境。

（4）前景的注入。在选定主体后，考虑画面的背景同时还需考虑画面前景的注入，把前景的植物变成泻光，使画面更有层次。每个镜头都有它的安全距离，一旦突破了镜头的安全距离，画面就不能对焦，会变得模糊，我们就利用这个原理使前景模糊，从而增加画面的层次。

（5）拍摄条件。大光圈、逆光、长镜头、背景选择、前景、黄金光区内、主题人像的补光。

8.4　"吃光"现象

摄影中常常可见到一种名为"吃光"的物理现象，也叫做光晕、光环、光斑、鬼影等。这需要从光的两种光学现象加以解释。

1. 光的衍射（纯逆光下产生衍射）

当光离开直线绕到障碍物阴影里去的现象叫光的衍射。在我们的生活中，光发生衍射后，通常会出现以下现象。

（1）薄膜干涉现象。在生活中常常看见树枝、电线杆在太阳逆光照射下的部分出现收缩的现象。

（2）阳光下的五彩缤纷的肥皂泡。

（3）雨后马路边水面上的彩色条纹。

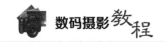

2. 光的折射（侧逆光下产生折射）

当直射的光由一种介质斜射到另一种介质时，其传播方向发生改变，这种现象叫光的折射。在摄影中衍射只能产生薄膜干涉现象，而不能产生光环。但折射由于光学原理不同，能产生美丽的光环，这就是"吃光"现象，既可以利用，也可以避免。

（1）利用"吃光"给画面增添意境和增添场景的神秘感。在摄影中"吃光"是一种折射现象，而不是衍射现象。

寻找"吃光"必须有以下的条件：① 侧逆光；② 寻找适当的机位；③ 大光圈；④ 去除遮光罩。

（2）在大多数的时间内是不需要"吃光"现象出现在画面中，一般在风光摄影中会影响画面的清晰度和画面的质感。

避免"吃光"现象有以下方式：① 改变机位；② 设置小光圈；③ 装遮光罩；④ 用遮手挡。

▲衍射光

▲折射光

8.5　太阳在一天中的走向及规律

光影是摄影之本，对光影的掌握和了解对摄影者来说是至关重要的。太阳一天中的走向有一定的规律，按照这种规律可以把光线分为两个区域：一个是黄金光区，另一个是摄影盲区。当摄影者掌握和了解了自然界的规律后，就会在拍摄中合理安排作息时间，并且有的放矢地去捕捉最佳时光进行拍摄。

下图为太阳在一天中的走向。

由上图可见，从早晨日出至中午之间的 90° 以内，正午至日落之间 90° 以外均为"黄金光区"，把握住这段"黄金光区"，画面就能表现出太阳的灿烂辉煌。另外，不要忽略了日出前和日落后的精彩。

第9章

构图

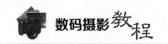

构图是艺术家为了表现一定的思想、意境、情感，在一定的空间范围内，运用审美的原则安排和处理形象、符号的位置，使其组成有说服力的艺术整体。

国画中所称的"经营位置""章法""布局"等，都是指构图。其中"布局"这个提法比较准确。因为"构图"略含平面的意思，而"布局"的"局"则是泛指一定范围内的一个整体，"布"就是对这个整体的安排、布置。构图必须要从整体出发，最终也是企求达到整个局面符合表达意图的协调统一。

摄影师在进行艺术创作的过程中，必须要熟悉自己相机的各个功能，并掌握一定的用光、布光知识和摄影技法。当面对镜头里的人、物、风光，或是具有典型意义的事件时，首先要考虑如何构成一个理想的画面，从而创作出完美的艺术形象来。作品成败决定于这一瞬间。既然构图决定着构思的实现，决定着作品的成败，那么研究摄影构图的实质，就在于帮助我们从周围丰富多彩的环境中选择出典型的生活素材，并赋予它鲜明的造型形式，创作出具有深刻思想内容与完美形式的摄影艺术作品。

构图大致可分为风光摄影构图和人像摄影构图两大类。本书还介绍了一种包含较深寓意性的构图——零空间构图。

9.1 风光摄影构图

风光摄影主要是以展现自然风光为主要的创作题材（如自然景色、城市建筑等）。风光摄影是广受人们喜爱的题材，优秀的风光摄影作品会带给人们的感官、心灵和视觉的冲击。

那么怎样能带给人们这种美的享受呢？拍摄风光摄影的三大要素，除了光影、色彩，就是构图。风光摄影构图主要采用的是三分法。

风光摄影构图三分法的要领如下：当天空的元素较多时，天空可占画面的 2/3；当地面的元素较多时，地面可占画面的 2/3。下面这张图中夕阳很精彩，因为它占据了画面的 2/3。

切记，风光摄影最忌讳的是中分。

风光摄影构图可分为黄金分割（也称为三分法构图）、对角线、辐射式、框式、排列、平衡、英文字母等。

1. 黄金分割

黄金分割一词最早来源于古希腊人发明的几何学公式，基本理论来自于黄金比例 1 : 1.618，主要用于表达画面比例的"和谐"，这个比例在我们生活的周围及大自然中是普遍存在的，例如摄影、绘画、设计等领域。在摄影中引入黄金分割比例可以让照片更自然、舒适，更能吸引观赏者。

从西方美术史中可看到，许多优秀的艺术作品，如"蒙娜丽莎""最后的晚餐""维纳斯的诞生"等这些经久不衰的艺术作品都采用了黄金分割构图法。在西方现代派分流的年代，曾经有人试图打破黄金分割构图的方式，但是经过反复失败之后发现还是黄金分割构图的形式最完美。

黄金分割也称为九宫格构图，它的作用和意义在于人们在构图时，严格遵循一条被合理分割的几何线段。对于摄影者来说，黄金分割构图是在拍摄中必须领会的重要思想和方法。

2. 对角线

　　物体在画幅中两对角的连线，近似于对角线，即为对角线构图。当我们对自然界进行拍摄时，如果让拍摄对象的线条呈现"四平八稳"，往往会显得过于死板。通常，除了在风光摄影中需表现风景的静谧，地平线应保持绝对的水平之外，其他场景几乎都不应该将线条保持水平的位置。在考虑画面整体平衡的前提下，运用和掌握线条的倾斜构图法，也就掌握了获得动感的图像，所以说对角线的构图可以增强动感。把主题安排在对角线上，有立体感、延伸感和运动感。

3. 辐射式

辐射式构图是摄影中很常用的构图方式，它主要是可以增强画面的视觉冲击力，向外扩展的方向感和动态都很明显。

虽然是辐射出来的线条或图案，但是按其规律可以很清晰地找出辐射的中心。辐射式构图有如下的特点。

（1）在风光摄影中增强画面张力。

（2）凸显发散中心。

辐射式构图有强烈的发散感，使用得当，可以很容易地将画面中心凸显出来。在大场面的构图中，辐射线是一个整理画面思路的轨迹，可以收紧主题，明确画面意义。

4. 框式

框式构图的形式是多种多样的，可分为规则框式和不规则框式，是一种比较另类和新颖的有趣构图形式。具体拍摄时是利用周边的各种元素构成一个边框，以达到突出主体的作用。

5. 排列

　　排列构图在摄影中应用相当广泛。它能使画面错落有致并增强画面的层次，在摄影构图中要善于发现和运用。排列构图能强烈地加强画面的形式感，这也是画面构成中的重要元素。在运用排列构图时，要注意注入画面的主体，并把主体分布在黄金分割点上。

6. 平衡

平衡是构成画面的基本要求，同时也是表达思想感情的重要手段。平衡意味着稳定、和谐。平衡分为以下两种形式。

（1）绝对的平衡——对称

对称是左右两侧造型元素的大小、形状、色彩和位置完全一样，而方向相反时所达到的一种平衡状态。

（2）相对的平衡——重力平衡

影响重力平衡的因素包括：色彩、影调、视线方向、面积和位置。其中最重要的是视线方向、面积和位置。

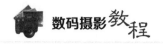
7. 英文字母

（1）A字形构图

A字形构图是指以英文"A"字形的形式来安排画面的结构。A字形构图具有极强的稳定感、向上的冲击力和强劲的视觉引导力。

（2）S字形构图

S字形构图能使画面优美，动感效果强，既动又稳。表现风光时，远景俯拍或者航拍效果最佳，可表现山川、河流、地域等的起伏变化。一般的情况下，S字形构图一般有两种形式：

一是从画面的左下角向右上角延伸。

二是从画面的右下角向左上角延伸。

（3）V字形构图

V字形构图是最富有变化的一种构图方法，其主要变化是在方向的安排上，或倒放，或横放，但不管怎么放，其交点必须是向心的。正V形构图一般用在前景中作为前景的框式结构，从而来突出主体。

（4）C字形构图

C字形构图具有曲线美的特点。这种构图一般用于背景的布局，能使画面简洁明了。有了背景，主体的安排必须在C形的缺口处，才能有效地抓住观者的视觉，随着弧线推移到主体身上。C形构图可在方向上任意调整。

9.2　人像摄影构图

　　人像摄影构图与其他摄影构图有所区别。这种构图比较简单，类型也不多。在拍摄时应根据摄影者的创作意图，合理安排画面的布局，有的放矢。

　　人像摄影构图分为封闭式、开放式、竖式构图三种。

1. 封闭式

　　封闭式构图是一种新型的构图形式，其构图手法是目前很受年轻人追捧的一种表现方法，常用于婚纱摄影和艺术人像摄影。图中的主体人物面部一般都朝着画框的边缘，并将景置身于身后。

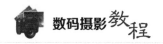
2. 开放式

开放式构图是一种较为传统的人像摄影构图方式，广泛用于绘画和摄影中。图中的主体人物除了被处置于黄金分割点上，画中的景往往被置于视野的前方。

3. 竖式构图

竖画幅也就是竖长方形构图，图片上下伸展。这种画幅模式也是拍摄人像常用的一种构图方式。竖画幅更加强调画面中的垂直因素及画面的纵深度。竖式构图无须讲究黄金点位，无论是拍摄全身人像还是半身人像，都可以使用竖式构图。

9.3 零空间构图

零空间构图方式比较独特，与一般的构图形式完全不同，在创意摄影中经常出现。零空间构图的寓意性很强，完全打破了传统的黄金分割形式，以一种创新的模式呈现出来，对于这种构图形式，作者必须要注入自己的思想。

零空间构图主要有以下特点。

（1）画面大量的留白、留黑、留空，给观者留下想象空间。

（2）通过色彩与空间的对比从而突出主体。

（3）表现画面主体的一种孤独感。

（4）留空、留白给人以联想，创造画面的意境。构图中主体一般摆放在画面的最边角上。

第 **10** 章

色彩

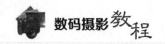

10.1　色彩知识

色彩在艺术中可视为独立的抽象体，颜色与线、形一样，是艺术表现的生动语言，艺术家自由地运用这种语言表现自己的情感。

1.　色彩可以描摹事物、表达情感

色彩作为一种语言，能够描摹事物，表达情感，例如新娘着白色婚纱站在深色背景前、红色的球在绿色的草地上滚动。

火红的朝霞、洁白的雪山、碧蓝的湖水，无论什么东西，只要能看见的都是色彩，这就是颜色的本性，一切物体的表象都是由物体自身色彩和亮度产生的。那么界定物体外形的轮廓，是由该物体在不同环境色衬托的下所显现出来的视觉结果。

然而，每当我们面对火红的朝霞、洁白的雪山、碧蓝的湖水，它们的色彩立即会对我们的精神状态产生重要的影响，激发出我们内心的生命喜悦与圣洁的感情。这是色彩语言的魅力，它具有唤起情感的力量。艺术不是再现，真正的艺术是表现情感。

2.　色彩是视觉艺术的语言

达芬奇把黄色、蓝色、红色和绿色四种色彩定为基本色。黄色、蓝色、红色和绿色后来成为人们普遍接受的心理四原色。红色、黄色、绿色、蓝色四个颜色具有心理

独立性，加上黑色和白色，成为心理颜色视觉上的六种基本感觉。

歌德把色彩分为阴阳两极：阳极为黄色，阴极为蓝色。他认为所有的情感、性格特征均可以和色彩联系起来。色彩具有多层次的象征意义。

选用颜色的时候要考虑两点：一是这种颜色的象征意义；二是它与邻色的对比效果是否能产生平面深度的感觉。

色彩的情感及象征意义在凡·高绘画艺术成熟时期里被发挥到极致。凡·高绘画的色彩自身具有强大的精神表现力。

（1）黄色

黄色是最明亮的色彩，在同暗色调对比时，黄色是一种欢快、辉煌的色彩。黄色作为太阳的颜色，其效果是明朗的。黄色和橙色及红色组合在一起是有趣、生命喜悦、愉快和外向的色调。黄色和蓝色及粉红色等色彩组合在一起时是代表友好的色彩。

因为黄色来自太阳，有炽热的一面，与红色和橙色组合在一起时，它是活力和能量的色彩。在形容美丽、有价值的事物时，黄色被称为金色。黄色、金子和光辉在语言上也是相近的，由于与黄金的相近性，黄色成为代表财富、奢侈的色彩。

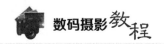
黄色是成熟的色彩，此时被再次美化为金子的颜色，金色的穗、金色的果实、金色的树叶、金色的秋天。

黄色是荣誉的色彩、智慧的色彩、文化的色彩。中华民族的祖先为黄帝和炎帝，黄和炎的字面意义相近。中国封建朝代从宋朝以后，黄色是皇帝专用颜色。

（2）蓝色

蓝色象征着美好的东西，象征着渴望、幻想，象征着乌托邦式、遥不可及的理想。蓝色是代表遥远和寒冷的颜色，是最冷的颜色。蓝色之所以给我们以冷的感觉，这与我们的经验相关。从经过转化得出的象征意义上来说，冷冷的蓝色是一种拒人于千里之外的颜色。它代表无情、傲慢和坚硬。

蓝色又代表着永恒，是真理的象征，代表高贵的品质。蓝色被认为是所有色彩中最深沉、最不可描摹的色彩，是最空灵的色彩。

（3）红色

红色是最基本的颜色。红色的象征性意义受到两个基本经验的影响：血和火。红色成为所有正面的生命情感中的主导颜色。红色和温暖一样给人临近的感觉，临近意味着真实，触摸得到。红色是物质的颜色，其对立面是看起来遥远的蓝色。红色象征力量、活跃和进攻性。红色易变，偏黄变调成为红橙色，偏蓝变调成为紫色。红色可以在冷与暖、模糊与清晰、明与暗上有大幅度变化而不影响其红色特性。

（4）绿色

绿色是植物的颜色，是生命的象征色。绿色是春天的颜色，意义可以转换为繁荣的象征色。绿色象征希望，是青春的色彩。绿色是黄色和蓝色的中间色，其中包含的黄色或蓝色比例不同，它表现出的特色就会随之发生变化。

10.2　利用相机控制画面色彩

1. 利用饱和度控制画面色彩

相机中的"饱和度"功能可以避免照片在后期调节时增加噪点。例如在拍摄皮肤颜色较深的人物时，由于肤色黑，拍摄的人物脸部没有层次。这时就必须降低相机的饱和度，再从色彩漂移中进行配色，人物脸部的层次就不会受到影响。

另外，在拍摄日出或日落时，适当调节饱和度，也会给画面增添辉煌的风格。

下图所拍摄的是东南亚地区的人文片。图中人物的肤色较深，拍摄时将相机内设的饱和度降低了3级，图中主体人物面部层次得以表现。

2. 利用滤镜效果增添层次

"单色"这项功能除了黑白颜色外,在黑色中还隐藏着进一步的设置,可以表现更为细致的内容。充分利用设置中的滤镜效果能使我们拍摄出来的单色相片与众不同。

3. 利用色调控制色彩

在拍摄中,如果想渲染画面的色彩氛围的话,可调设相机照片风格里的"色调"来控制画面的色彩。这个设置是许多摄影者都不敢轻易操作的。它的规律是:往左调节,画面会呈现出红色的趋势;往右调节,画面会呈现出黄色的趋势。掌握和利用好色调,会给我们的照片增添许多自然的色彩。

4. 利用减曝调节画面颜色

"减曝"功能较少有人运用。如果照片拍出来后画面显得比较平淡，可以在拍摄时利用光线，找出大自然中隐藏的线与形，再利用"黑减"的原理，增加减曝的量，这时画面损失的是中间层次，突显出来的是形和色彩。

5. 利用白平衡偏移控制色彩

白平衡偏移又称色彩漂移，如调色盘一样提供了各种色彩，可以在这个调色盘上调出任何一种颜色。以下图为例，用红沙石建造的柬埔寨王宫。红沙石只有一种颜色，但是使用白平衡偏移，可以调出五颜六色。

6. 利用单色控制画面色调

单色功能中有以下几种可用的色调。

色调效果内的褐色、蓝色、紫色、绿色都可以作为一种单独的色调的形势呈现在画面中。

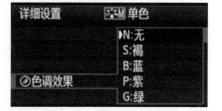

色调效果

详细设置	单色
	N:无
	S:褐
	B:蓝
色调效果	P:紫
	G:绿

7. 利用白平衡的色温模式控制画面色彩

白平衡就是以 18% 中级灰的"白色"为标准，让相机在不同光线、环境中拍出来的照片色彩尽可能还原标准"白色"，再简单点说就是矫正照片偏色的过程。

很多的摄影初学者在拍摄时从不敢动白平衡，基本上都是设置在自动模式上。

白平衡中色温模式的规律是：K 值越高，呈现出来的色温就越低，色调呈暖色调；K 值越低，呈现出来的色温就越高，色调呈冷色调。它们为反比现象。人们往往认为，色彩呈现出暖调，色温就高，色彩呈现出冷色，色温就低，其实这是一种误区，事实恰好相反。就像火焰燃烧时，红色部分没有蓝色部分的温度高，温度最高的就在火焰最上面的蓝色部分。

另外，很多人认为将白平衡设置为自动就可以了，其实不然，白平衡是不可能随天气、环境光源的变化而自动转换的，必须要自定义才行。相机上的白平衡 K 值一般设置是 2500 ～ 10000，这个宽的区域给我们提供了极大的可调范围，所以不要放弃利用这个调色的功能。

以下面的图片为例，同一时间、同一地点、不同 K 值的设置，得到了不同的效果图。

▲ K 值设置为 7000 的效果　　　　▲ K 值设置为 4000 的效果

10.3　色彩的三原色

色彩中不能再分解的基本色称之为原色，原色可以合成其他的颜色，而其他颜色却不能还原出本来的色彩。三原色是色彩中最基本的颜色，可以混合出所有的颜色。三原色又分物质三原色和色光三原色。

1. 物质三原色

这种三原色来自于平常绘画的颜料，是由矿物质生产出来的，所以称为物质三原色，即红、黄、蓝。物质三原色混合色为黑色。

2. 色光三原色

人的眼睛是根据所看见的光的波长来识别颜色的。可见光谱中的大部分颜色可以由三种基本色光按不同的比例混合而成，这三种基本色光的颜色就是红、绿、蓝。这三种光以相同的比例混合且达到一定的强度，就呈现白色（白光）；若三种光的强度均为零，就是黑色（黑暗）。这就是加色法原理，加色法原理被广泛应用于电视机、监视器等主动发光的产品中。

我们平常在各大电视台所见的台标的底色就是用色光三原色来做铺垫的。在摄影中，三原色同时出现在一幅画面时，有强烈的对比，会达到抢视觉的效果。

3. 色彩的三要素

色彩的三要素是色相、明度、饱和度。

（1）色相

色相即色彩的颜色。

（2）明度

明度指的是色彩的深浅明暗程度，接近白色的明度高，接近黑色的明度低。

（3）纯度

纯度是指色彩的鲜艳和纯净程度，也称色彩的饱和度。纯度高的色彩，鲜艳夺目；纯度低的色彩，沉着灰暗。

第三部分 写实

第 11 章

摄影中的写实

前面已经学习了两个阶段的课程：掌握摄影原理及工具、摄影三大要素。

现在进入第三阶段的学习——写实。在这个阶段里，要利用前两个阶段所学的内容为铺垫，在这个新的阶段里，着重利用构图、光影、色彩这三大元素完成摄影中真正意义的写实。

很多人认为写实就是开启小光圈把照片拍清楚，这种概念是不准确的，一张成功的照片一定要包含构成画面的元素，不然这张照片就是没有章法的废片子。

11.1 写实的真正意义

学摄影的人都知道"写实容易写意难"这个道理，而在整个系统的学习过程中，写实只能占 1/3 的学习时间。

在学习摄影的过程中写实是最初级的阶段，也是必须要经过的阶段。然而，写实不只是拍清楚这么容易。

在全民摄影的浪潮中，多数的摄影爱好者对摄影一知半解后就飘飘然了，认为这就是摄影的终点，这种思想严重的影响和制约了摄影者的发展，这只能是没有任何章法简单的纪实，作品脱不了匠气。这与摄影者的文化底蕴和艺术修养有着紧密的联系，大多数人会到达一个层面后停步不前，只有少数人才能脱颖而出成为大师，这就是"匠"与"师"的分水岭。真正的摄影是要求有艺术性的，它应是凌驾于纪实之上的，与美术是异曲同工的艺术作品。

摄影是一种综合艺术，建议初学者平时多加强自身的摄影修养，增强自身的艺术功底。人们常说"三流摄影者靠的是设备，二流摄影者靠的是技术，一流摄影者靠的是思想"。希望初学者在加强摄影技术的同时增加自身的艺术修养，认清事物的本质，以最快的方式达到我们学习的目标。

11.2 摄影构图形式与内容的关系

构成画面元素是什么呢？就是构图、光影、色彩三大要素。

写实阶段的内容和写意阶段的内容是不相同的，写实阶段的内容就是画面的主体。

以前学的构成画面的元素都是背景（也称为形式），如果只有美丽的背景（画面的形式感很强）但缺乏主体，这幅作品还是不完整。这就是在艺术上所说的形式和内容的统一。

当然，我们眼前的画面往往不可能那么完善，有些问题是可以移动一下机位就能解决的，有些问题可以利用多重曝光完成，还有些问题是可以利用后期来完善。当然，只有完美的形也能称之为好照片，这类的图片可称之为形式感很强的图片。但是，只有画面达到形式和内容的统一才是真正最完美的。

构图、光影、色彩是构成一幅画面的背景，需要注入"内容"，使之成为构成画面的主体，这个内容可以是人物、动物、静物、植物，也可以是建筑物等。所以，在拍摄过程中要自始至终地寻找构成画面的元素，这就是我们称道的真正有章法的"写实"。

11.3 光圈与快门

1. 光圈的两大作用

（1）大光圈点对焦表现虚实：用于艺术人像、花鸟、人文。

（2）小光圈平价对焦表现景深：用于风光摄影。

光圈可根据摄影的需要可调大调小。

下图为选择大光圈后景深变浅，能虚化前景和背景从而达到突出主体的目的，能产生虚实对比。

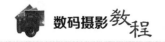

下图为选择小光圈后在风光摄影时景深变大，使前、中、远景都清晰能增加画面的清晰度。

2. 快门的两大作用

（1）慢门表现动与静：用于海边、流动的云彩、弱光摄影、小溪、运动的人与物体等。

（2）快门表现运动物体的瞬间：用于定格各种运动物体的瞬间。

快门可根据摄影的需要可调快调慢。

选择快速时可将运动中的物体定格下来，见下图。

选择慢速时，可使运动中的事物发生戏剧性的变化，能产生动静对比。增强画面的意境，见下图。

3. 快门有效的控制范围

快门的有效控制范围 Tv（速度优先）和 M（手动挡）最慢只有 30 秒，超过 30 秒后就不受控制了。如果超过 30 秒后只有靠 B 门挡来控制了，特别是拍摄长时间曝光的星轨时只能靠 B 门和快门线。

4. 光圈与快门的关系

"光圈优先、快门自动"，就是说在先确定光圈的值后，快门会通过对物体自动测光后，反馈一个自动调节好的快门值。

"快门优先、光圈自动"，也是一样的道理，这就是之前所说的倒易律现象。

第12章

写实摄影技巧

12.1　大光圈的魅力

早在若干年前国外的许多大片就已采用了大光圈的镜头语言，来表现画面中的意境。而近年来我国的摄影师已经开始接纳了这种镜头语言的运用，并相继在影视、广告、平面等摄影中广泛地使用。

这种镜头语言的表现所达到的目的是，在突出主体、美化、虚化背景的同时，最重要的是增加了画面的意境。

使用大光圈需做如下设置。

（1）选择大圈拍摄时必须配合点对焦。

（2）镜头的最佳选择为 70 ~ 200mm、24 ~ 70mm 或定焦。因为这类镜头的光圈设置的都较大，足以满足虚化的效果。为了达到最佳效果，摄影时尽可能处于安全距离上。

（3）拍摄时尽可能地选择黄金光区内拍摄，同时为了增加画面的意境，一定采用逆光进行拍摄。

（4）后背景的选择更加重要，它的定位会使画面产生点光和泻光，起到画龙点睛的作用。

12.2　拍摄逆光人像

最常见的逆光人像大多利用日出或日落时的黄金光区内进行拍摄。拍摄逆光人像时一定要让光进入画面，用光为人物勾勒一圈美丽的轮廓光，使画面充满光感，为了使人物美丽的轮廓光更为明显亮丽，往往会选择人物处于深色背景前进行拍摄。

然而，人像摄影毕竟不同于风光摄影。拍摄逆光人像时，人物的脸部会处于暗影之中。人像中的逆光摄影通常情况下还是为了营造人物的美感服务的，因此在调节曝光的时候必须首先考虑人物面部是否正确曝光。这时可以尝试用点测光对人物脸部进行测光，并适当增加曝光。同时，可使用以下方法减少光比。

（1）用反光板或者外拍灯对人进行补光，打亮面部。

（2）开启相机中的"自动亮度优化"。

（3）开启 "HDR"减少光比功能。

逆光时由于光线过强，常常会出现轻微失焦，有些初学者很难在逆光的时候对上焦。这时可以打开实时屏幕取景，放大画面，或者转换成手动模式，转动镜头上的对焦环，直至人物的面部清晰为止。

如果逆光太强，拍摄时会看不清屏幕。这时可以打开实时屏幕取景，并放大画面观察，可以有效地解决这个问题。在逆光过强的时候也可以通过机位角度的变换来回避过强的光线，这样就能成功拍摄出高调逆光人像作品。

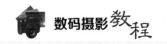

不同于夕阳的暖橙色光芒，正午的逆光一般呈现出透明的白色。但是，如果在此时拍摄逆光，很有可能在调节曝光时为了保证人物的亮度而造成背景过曝，一片惨白。

为了解决这个问题，保证画面的柔和性，在阳光较强烈时拍摄逆光人像最好选择在室内或者树阴下，避开光的直射。尤其是拍摄室内私房照时，窗口透出柔柔的白色逆光包裹着人物周身。同时，受光折射的影响，会产生薄膜干扰现象，使人物的身材显得纤细，更是让画面多了一层纯粹朦胧感。

12.3 风光摄影中的光比问题

在风光摄影中常会遇到较大的光比问题，是摄影者比较头痛的问题。解决光比问题，就能提升亮部和暗部的细节，从而达到我们最终所需要的效果。

以下这几种方法可有效地解决风光摄影中所出现的光比问题。

1. 使用渐变镜

这种方法行之有效，使用一片、两片或更多片的渐变镜。它是一种较为原始而有效的"土"办法。

2. 使用相机自带的压光比功能

对风光摄影和处于逆光中的人像摄影，存在的光比或多或少起着一定的作用。

佳能 5D3 相机菜单中新增设了一个"自动亮度优化"功能，功能可提升风光摄影和逆光人像摄影中的暗部细节。它分为"弱""标准""强"三种。选择"强"虽然可以大幅度提高阴影部分的层次，但是同时也会增加暗部的噪点，这种噪点在风光摄影中体现的不明显，但在逆光人像摄影中会有明显的粗糙感觉，所以，建议还是使用"标准"较好。

3. 使用 HDR

HDR 在风光摄影中可以夸张亮部的细节和暗部的细节。无论是后期制作还是相机自带的功能，它都遵循包围曝光的原理，在拍摄中一景采用三种不同的曝光："过曝""标准""欠曝"。

"过曝"是为了兼顾画面中的暗部的细节，"欠曝"是为了兼顾亮部的细节，三张在完成叠加合成后，可以完美的重现画面中的各部位的细节，而且增强了画面中各种物体的立体感。

▲过曝

▲欠曝

▲正常曝光

▲最后得到既有高光的层次又有暗部的层次的照片

12.4　海水的三种拍摄效果

拍摄海水一般采用速度先决模式，目的是控制时间。在海边拍摄时，如果掌控好

了速度，可以得到以下三种不同的效果。

▲丝状的效果（参考速度 1 秒左右）

▲雾状的效果（参考速度 30 秒左右）

▲晶体状的效果（参考速度 3 分钟左右）

12.5 利用接圈进行微距摄影

市面常见的微距镜头较多，有白微头、自动微距接圈、手动微距接圈等。本节以手动接圈为例介绍相应的拍摄要求和技巧。

（1）接圈环越多，景物就越小，反之就越大。

（2）有些相机加上接圈后，取景呈现黑现象，此时需打开实时取景，并放大取景。

（3）使用微距接圈后进入手动状态，需要手调对焦，仔细调节对焦环，曝光补偿需调节快门。

（4）必须使用脚架及快门线。

（5）需布光布景，准备必要的小道具。

（6）拍摄水珠时尽可能使用中焦头，能起到压缩景深的作用，使水珠中的水花更明显。

（7）拍前将相机的反差、饱和度、锐度提满。

12.6 拍摄雨天

不少摄影者认为，要想拍出一幅好的作品，晴朗的天空和良好的光线是必备的条件，如果遇到天气不佳就失去了拍摄的兴趣。其实，任何的天气条件下，只要摄影者用心，都会出现拍摄机会，而雨天正是进行创意摄影的最佳时机。

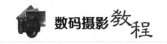

雨中有倒影，所有景物由一份变为两份，景影相融。尤其是拍夜景时，灯光的反射及地上水面的倒影，灯影迷离，使画面显得很生动。

雨点落在水面上溅起一层层涟漪，这是雨景中的一个很好的拍摄角度。用高速的快门来凝固飞溅的水花，画面会呈现出瞬间的动感。

雨伞中漫步的情侣，雨后戏水的孩童……人景交融会使画面更加生动。

雨中拍摄应视拍摄的要求而定，快门速度设置不同，效果也会有所不同。

下图为 1/15 秒，能拍摄到较长的雨条。

下图为 1/60 秒，能拍摄到还没落地的雨条。

下图为 1/100 秒，能拍摄到雨溅在地面上而凝固的水花。

12.7　去繁留简的街景拍摄方法

当面对大街上的人来人往，拍摄者用常规的拍摄方法将无从下手。但如果换一种方式，选择设置"快门优先"，使用"慢门"就能把复杂的事物简单化。

在大街上众多的人群中，有人在行走，有人在观望，速度上是有区别的。在街上行走的人一定是多数，停留下来观望的人是少数。用慢门把行进的人虚掉，只留下静止的人，这样本来繁杂的大街，拍摄出来的画面是动与静的对比。

参考设置：1/15 ~ 1/5 秒，使用三脚架。如果是晴天拍摄，须使用减光镜。

12.8　广角镜头在风光摄影中的应用

广角镜头会给摄影带来另类的视觉冲击感，以下是广角镜头在风光摄影中常用的几种方法。

1. 找出中心点

使用广角镜拍摄风光，可以极大地拓展摄影师构图的范围，同时也考验摄影师观察力。因为画面中的景物太多，摄影师要找出画面的中心点，才可以让照片更加突出。也就是说要在杂乱的拍摄对象中找出能引起视觉的冲击点，从而不经意地刺中观者的感官。

2. 引导视线

面对拍摄对象用广角镜头取景，如果入镜的景物太多，就要突出拍摄主体。要找出画面的独特的规律性，比如线条、形、构图等，来引导观者的视线，让观者加倍注意摄影师想要展现的主体。

3. 机位的选择

广角镜头拍摄风光与人文摄影一样，第一要考虑变形的问题，第二要考虑的就是机位的选择。同样是低机位，走近些选择低机位拍摄。可以让习惯使用长镜头的摄影者走出固定的条框，尝试打破局限，用以往比较不常用的角度来进行拍摄，面对被摄对象加强自身的洞察力和观察力，从而拍出与众不同的好作品。

4. 以风光照的思维来拍照

拍摄山景、海景等风光照时，因为拍摄远景，景物宽阔，取景时会非常讲究景物的位置、线条的安排等。使用广角镜拍摄时也要用这种心态，耐心观察和构图，等待最佳时机按下快门。

5. 勇于拍出夸张的广角效果

根据笔者自己的经验，使用广角镜拍摄较为夸张效果的最佳镜头段位是12 ~ 24mm，前后景的距离会被夸大，造成透视变形，配合照片题材，能拍摄出独特的效果。

12.9　广角镜头在人文摄影中的应用

广角镜头拍摄人像，能通过环境、色彩、构图传递出一种夸张的人物效果。在简洁的环境中，画面呈现出有抽象节奏的大场景，但这种拍摄对象，只适合于人文摄影，而不适合艺术人像。

1. 广角镜头的变形问题

广角镜头会扭曲部分线条，使之曲线化。而这种曲形强化了画面运动感，并十分有效地凸显了立体形态，画面中的人物有可能同时被这种曲线化拉得变形。

广角镜头在 12 ~ 24mm 段，拍摄时一般为了加强人物的纵深感，达到一种夸张的效果，往往会选择低机位进行拍摄。特别是在使用 12mm 段位时，画面就更容易出现变形的问题。但是，广角镜头的变形更多地出现在画面边缘，纵向上出现在接近镜头的位置。只要将人物略靠近画面中心，主体的变形将会得到有效的控制。

2. 广角镜头与空间的关系

用广角拍摄人像时，前景的运用十分重要。由于广角特征是"近大远小"的透视规律，前景会极大地促进画面的立体表达，整体画面看起来十分具备空间感。所以，为了达到画面的一种气势，在拍摄时可以给镜头前加装一个超大的渐变镜（150mm × 170mm）。如果渐变镜选择小了，画面的四角会呈现暗角。

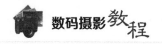
3. 广角镜头与景深的关系

由于透视所致，广角镜头拍摄时会相对出现"近景清晰，远景模糊"的现象，这和景深焦外模糊有本质的区别。前者是由于空气介质所致，后者是由于光学镜片大口径成像特性。广角镜头本身就存在较大的景深，使用常规光圈（如 F4、F8）都能让景物清晰的范围足够深远。

4. 广角与主体的关系

一般拍摄广角人文是要彰显人文的神似，在这种大场景环境下，人物显然要比常规的处理方式复杂多了。这时不仅要以人物的面貌和神态为瞬间获取的目的，同时，调整人物身体与阳光之间的角度，尽量夸张广角度状态下的人物，会给观者一种强烈的视觉冲击力和震撼感！

12.10　K 值与画面色调的关系

　　一般摄影爱好者的相机 K 值都设定在 5000，或者把 K 值调到"自动"。但是实际情况中，它不能随着人们的主观意识的变化而变化。所以，K 值必须随着创作的需要来调节。

　　例如，日出前拍摄画面色温较高，一般会偏蓝，这时采用追色的方法，把 K 值增大至 6500 左右，画面色调就可以调得不偏色。日落前大地显现出一片橙色，但是，我们往往想更加渲染画面的气氛，使画面更加辉煌，就会采用追色的方法，将 K 值调为 8000 左右，画面就会呈现出一片金黄的效果。又例如，拍摄夜景时，如果 K 值在 5000 左右，画面会呈现一片橙色，细节模糊，层次不分明。若将 K 值降低为 3000 左右，夜景里画面的颜色就会发生极大改观。这就是灵活应用 K 值在摄影中所起到的特殊作用。

12.11　风光摄影的拍摄方法

风光摄影也称写实类摄影，是广大摄影爱好者较为喜欢的一种题材。风光摄影除了具有良好的天气和把握住黄金光区外，在捕捉拍摄对象时，画面还必须注入三大要素，这是拍好风光摄影重要一点。

1. 光圈

风光摄影运用的最佳光圈组合是 F8 ~ F16，目的是取得画面的最大景深。有了光圈的最佳组合，就要给画面寻找元素，使拍摄出来的照片有章法。

2. 三大要素

风光摄影中最为重要的就是摄影的三大要素。

（1）光影

有光就有影，这种自然界的现象给摄影提供了最好的塑形条件。首先要选择最佳的黄金光区内进行拍摄，并且选择好光位（此物体在光线的照射下呈现出立体感），侧顺光、侧光、侧逆光、逆光都是不错的选择。

风光摄影切记千万不要使用顶光，这种光源被称之为"摄影盲区"。

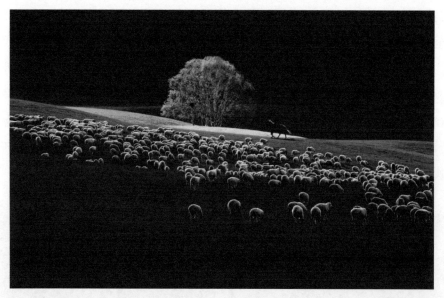

（2）构图

构图是风光摄影中比较重要的一个环节，风光摄影构图三分法在摄影中运用比较重要，它关系到画面的平衡与视觉的比例。另外，风光摄影中主体的确定也同样重要，在有形的画面中要有主体的注入。画面中的主体可以是人物、动物、植物、静物、建筑物。

风光摄影中还应该关注的就是画面的平衡关系。

（3）色彩

色彩在画面中能构成对比关系，使画面更抢视觉，更为明显。无论是物质三原色还是色光三原色，它们同时出现在一个画面上，能达到绝对抢视觉的效果。那么画面

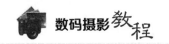
中的对比关系最为突出的就是原色对比"红—绿"和"蓝—黄",其次就是复色对比"青—橙"和"品红—草绿"。原色对比要比复色对比更为明显。在色彩中还有一种色彩值得关注,那就是消色在画面中的应用。

消色是一种特殊的颜色,为金、银、白、灰色。这四种颜色与任何色彩搭配都会显得很协调,如果应用得当,会给风光摄影作品增添无穷的魅力。

下图中龙的金色、白色的墙与红色的服饰搭配,画面就显得很和谐。

3. 其他设置

(1)内设选择风光并且适当提高锐度、反差、饱和度。日出前后一定要调试准确的白平衡(因这段时间内画面的色彩往往会偏蓝)。日落前后为了渲染画面的色彩可调试"色调"(色调向左,画面的色彩偏红,向右则偏黄)。

(2)镜头前安装遮光罩。因拍摄日出、日落时一般都会处于逆光状态,装上遮光罩,可避免画面产生吃光的现象。

(3)为了防止拍摄时产生的震动,尽量安放三脚架,同时关闭镜头前的防抖设置,有必要时可开启反光板预升功能。

(4)为了减少风光摄影中出现的光比和提升天空的层次,镜头前须安装渐变镜,也可选择开启内设中的高光色调优先和 HDR 功能。

12.12　几种对焦的问题和技巧

单反相机上有自动对焦模式，除了这类基础操作外，还有几种对焦的问题和技巧，可以使初学者对相机的对焦有更深一步的认识。

1.　移焦

或许有些初学者在拍摄过程中出现过移焦的问题，拍摄前明明合焦了，为什么拍出来还是糊的呢？排除手震之类的自身技术因素后，就有可能是出现移焦了。

移焦的原因可以分成两种。一种是由于相机内结构设计有所偏差而产生，在一些高端机型中会自带"自动对焦微调"的功能，让使用者可针对不同的镜头进行焦距微调，并将对应数据记忆在相机机身内，也可结合镜头校正器来解决问题。

如果相机机身本身没问题，另一种原因就有可能是镜头本身镜片结构的问题，尤其是大光圈镜头中最容易产生这样的状况。因为大光圈镜头自动对焦时总是在开放光圈的情况下运行的，光圈口镜大，球面镜边缘容易存在像差问题，使所判断的对焦点与实际缩小光圈拍摄时的对焦点有所误差，导致焦点偏移的状况。遇到这样的状况，建议还是以缩小光圈的方式拍摄，让景深足够深，以包容焦点偏移的状况。

2. 自动水平系统对焦

现在，许多单反相机的自动对焦系统都搭载有一字形的自动对焦感应器，并在其基础上发展成十字或双十字形的自动对焦感应器。细看单反相机的自动对焦点分布图，会发现其中的一字形对焦感应器，大多是以纵向的方式排列，所以，有人认为相机是竖直方向上比较灵敏，这样的想法是错的。这些感测器尽管是纵向排列，但其实是对横向线条的反应比较灵敏。

这样的情况在追焦的时候表现比较明显。如果拍摄物是在水平方向上移动，追焦成功率较高。但如果上下或前后，相对来说比较容易出现迟缓或抓不到焦等状况。

3. 泛焦

泛焦较常用在风光摄影中。为了保证拍摄画面中整体清晰，会选择一定距离外或无限远的景物进行对焦，以预先把拍摄画面中的景物纳入景深之内，节省对焦时间，这种方式又称为超焦距摄影。

12.13　花卉摄影

花卉摄影要拍好比较困难。花卉一般不是单独生长的，往往是处在凌乱的环境之中。如果处理不好，画面会显得杂乱；如果处理得当，这些杂乱的环境会成为我们需要的美丽背景。

花卉摄影比较受光线的限制，最佳的拍摄时间是早、晚黄金光区内。勿选择顶光时期拍摄，否则花卉的色彩会很暗淡，并且花叶上会呈现出许多的高光反射区。

花卉摄影的建议设置和技巧如下。

（1）最佳镜头 70 ~ 200mm。

（2）光圈设置为最大。

（3）镜头处于最近的安全距离处（相机离被摄体越近，画面背景的虚化效果越佳）。

（4）内设定为点对焦，焦点准确定在主体上，以达到突出主体、虚化背景的作用。

（5）机位选择为逆光，不仅可勾勒出主体的轮廓光，同时杂乱的花草丛中会呈现出许多点光和泻光。

（6）背景的选择。拍摄花卉时背景的选择尤为重要，它关系到画面的意境的产生。

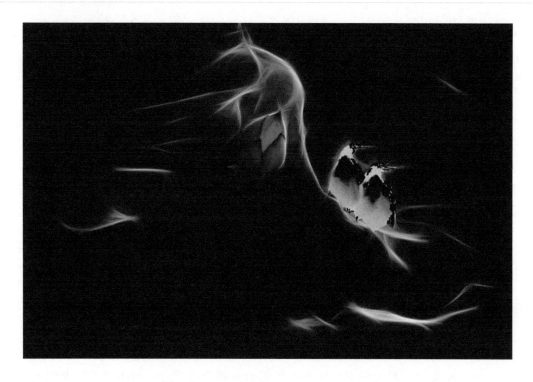

12.14 慢速摄影的注意事项

快速定格瞬间，慢速记录时间的流逝。

慢速拍摄时有一些不易发现的问题会对照片产生不良的影响，以下进行简单介绍。

1. 防抖系统在长时间曝光中的影响

镜头的防抖系统功能给我们在摄影中带来许多帮助。镜头防抖技术还有 1 级、2 级的分级，使用传感器来侦测抖动，并且通过移动镜头传感器进行补偿。

如果相机处于相对稳定的三脚架上，不存在抖动现象，这时如果防抖系统开启，它会继续工作。所以，即便没有震动，防抖系统也会尝试通过移动镜头传感器来对抖动进行补偿。这种现象会引发抖动，给照片产生不良影响。所以，如果相机安装在三脚架上并且在长时间曝光中，最好关闭防抖功能。

2. 反光板预升在长时间曝光中的作用

长时间曝光中，当按下快门的一瞬间，反光板会收起以便让光线直接投射到传感器上。这个动作会造成机身的微小振动，从而导致照片模糊。为了避免这种震动，可开启"反光板预升"功能。开启后需按动两次快门，首次按下快门时，反光板会抬起，再次按下快门时才能进行拍摄，能让机身避免震动。

3. 渐变镜在长时间曝光中的作用

在长达几分钟的曝光时间中，除了考虑减光镜的使用外，同时，还要考虑光比的问题。在减光镜前增加一个接环可安装渐变镜的卡子，根据光比的大小选用深浅渐变镜，以减少画面中存在的光比问题。可考虑双镜共用，既达到减光效果，又能解决画面中的光比问题。

4. 长时间曝光中环境对镜头的影响

户外拍摄的外界因素会影响照片质量。如果在海边的岩石上，面对着海上风暴，用不了多久镜头就会受各种环境影响而污染。镜头即便沾上最微小的水滴，都会引起很高的衍射现象，使照片受到影响。

5. 环境的风对长时间曝光的影响

当长时间曝光时，相机会因为长达数分钟的曝光而受到来自风的影响，最佳的处理方法就是将重物（如相机背包）挂在三脚架的挂钩上，以增加脚架的稳定性，从而达到防抖、防风的效果。

6. 相机漏光对长时间曝光的影响

在长时间的曝光中，照片会出现奇怪的紫边和光晕。这是因为曝光时有其他潜在途径的光会影响到照片，最明显的就是取景器。为了防止光从这里进入，在完成对焦后一定要将取景器罩上。佳能相机背带上有一个橡胶块，作用就是用于取景器挡光。尼康相机较为人性化，在取景框旁边设置了一个小按钮，用于关闭取景器，防止漏光现象。

7. 长时间曝光设置光圈与 ISO

（1）光圈应设置为小光圈，防止画面出现的衍射和折射。

（2）ISO 应尽量低，防止长时间曝光所产生的高噪点。

12.15 闪电的拍摄方法

拍摄闪电看似对新手来说比较难，实际上只要掌握好技巧，多加练习，就能拍摄到美丽闪电的照片。闪电的常规拍摄方法如下。

（1）闪电随机出现，没有一定的准则。但是，闪电是会在某方向频繁出现，因此，把相机对着频繁出现闪电的方向即可。

（2）拍摄时看到闪电后才按快门是不行的，要架好三脚架，长时间曝光。

（3）把相机调到手动模式的 B 快门 /T 快门。

（4）把 ISO 设定为最低，如 100 或 200（夜晚长时间拍摄噪点最为明显）。

（5）距离较远的光圈调至 F5.6，中距离的光圈用 F8，近距离的光圈用 F11（目的是为了增强电光线形）。

（6）对焦调到手动对焦并作无限远对焦。

（7）拍摄时把镜头对准预计会闪电的地方 (包含前景 / 背景)，调至为 B 门，然后静待闪电的出现。

（8）如果只包含闪电，相片便可能会变得过于单调，可以为相片加入前景或背景作衬托，令相片更具震撼力。

（9）跟拍摄夜景一样，可以透过调整白平衡为晚上的天空加上色彩，紫色、蓝色等颜色能令相片增添气氛。

（10）如果要把多个闪电拍进同一张相片，可以利用相机的多重曝光功能，同一张相片内曝光多次。

注意：拍摄闪电时，要注意安全，不要站在闪电范围中和树下，也不要站在高地，否则会有生命危险！

12.16　堆栈摄影

堆栈是模拟长时间拍摄的快门效果，合成更加完整的星轨等。堆栈摄影就是通过计算机的计算方法将大量的图片合成达到类似于长时间慢门和 B 门的摄影形式，或者是合成出自己想要的照片。这种摄影手法体现了"艺术灵感"的摄影魅力。它是把一叠图片放在计算机里，然后通过特定的计算，取每张图片一部分或者混合重叠每张图片移动的一点变化，最后达到一种所需要的效果。

堆栈摄影最大的优点是画质高。例如，一般拍摄星轨要一个小时，随着感光元件的加热，噪点也在增加。使用堆栈拍摄，照片用很多张，而每张只用了几秒钟拍摄而成的，这种情况下是不会产生噪点的。同时，堆栈还能模拟长期间曝光的慢门效果。

（1）首先在拍摄时要准备几十张延时拍摄出来的照片（一般需要 40 张）。

（2）通过后期的软件处理（Photoshop CC Extended 及以上版本才有堆栈功能）。

（3）打开 Photoshop 软件，单击"文件"→"脚本"→"将文件载入堆栈"。

（4）弹出对话框，单击"浏览"按钮。

（5）选择需要添加进来的图片后，单击"确认"按钮。

（6）一定要勾选左下方的"载入图层后创建智能对象"。

（7）最重要的一步，单击"图层"→"智能对象"→"堆栈模式"→"平均值"（普通版的 PS 没有这个功能）。

（8）等待计算机自动运行阶段，照片图层越多，所需要计算的时间越长（计算时间的长短与计算机的 CPU 和内存有关，内存越大计算时间越短）。

（9）经过数分钟的运算之后，图片合成就可以完成了。

（10）再根据需要对图片进行调色，且需要对平水平线。

12.17 徽派建筑的拍摄方法

徽派建筑的建筑风格独特，所以表现手法也要独特，如果按照常规的拍摄方法，就难以表现出它的独特性。徽派建筑一般选择暗天来表现，拍摄时可将菜单风光中的对比度增加，同时增曝，以高调的形式来表现。目的是将徽派建筑的黑瓦白墙分离开，从而达到去掉画面的中间层次，使画面达到黑白分明的效果。同时设法在白墙上面安放主题（可用多重曝光或者后期来完成）。

12.18　良好的习惯与摄影水平

在摄影中，养成良好的习惯会有效地提高摄影水平，同时也可以提高摄影者对照片质量的鉴定水平。

养成良好的习惯主要包括：一边拍摄，一边检查，一边调整，一边删除，再拍。

"一边拍摄"包括拍摄前用心观察拍摄对象，运用哲学理论"心静眼明"，眼睛明亮了就能看得见风景。观察所要拍摄对象时，设想用"Tv""Av""M"或是"B门"等设置，会达到何种效果。然后根据思考的选择进行拍摄，尽量拍出与众不同的效果，如果没有新意，宁可暂时不拍。

"一边检查"指拍摄后马上检查效果，检查曝光是否准确、检查构图是否完美、检查色彩是否合适等。

"一边调整"指根据检查的情况来确定是否曝光减曝或者增曝是否准确，白平衡是否准确，色彩及色彩漂移是否得当，光圈大小及速度快慢。如果不准确，及时调整。

"一边删"是指不好的片子一定删掉。这样经过前面的流程，摄影者就会对所拍摄的照片的质量有所鉴定了，并且可以做到心中有数。这样的一个过程，是会潜移默化地使摄影者对摄影的认识得到很快地提高。

"再拍"指经过上述流程后，再认真调节后所拍摄出来的照片质量一定会有很大提高，也大大提高了照片的成功率。同时，也省去了从一大堆质量不高的照片中选片的烦恼。

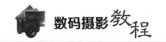

12.19　不同对焦方式的应用

　　在实际拍摄中，面对不同的拍摄对象及拍摄需要，应采用不同的对焦方式。

　　（1）拍摄花卉、静物、人像及需要表现景深的对象时，需设置大光圈，采用点对焦。

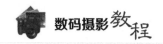

（2）拍摄风光摄影时需设置小光圈，采用多点对焦。

（3）拍移动物体时需设置人工智能伺服追踪对焦。

12.20　决定画面背景虚化的因素

1. 主体离背景远

主体离背景越远，画面的虚化效果越佳。

2. 相机离主体近

相机离主体越近，画面的虚化效果越佳。当然，不能超过镜头的安全距离。

3. 大光圈

光圈越大，景深（清晰范围）越浅，虚化效果越佳。

4. 镜头的长短

镜头越长，景深就越浅，当然这也与镜头的光圈有关。目前，市面上表现虚化最佳效果的镜头是 70 ~ 200mm 镜头和 600mm 定焦镜头，它们既拥有较长的焦段又有较大的光圈。

12.21　摄影中常用的图片格式

摄影中常用的图片格式有 RAW、JPEG 及 TIFF 三种。本书第一部分中已经对 RAW 和 JPEG 格式进行了简单介绍。

1. RAW 格式

RAW 文件作为工作对象要优于 JPEG 文件。数码相机拍摄的 RAW 格式的图像数据会给后期的调整留下很大空间。特殊 RAW 图像需要特殊软件处理，例如 Adobe Camera RAW、Lightroom 等。

2. JPEG 格式

JPEG 的文件格式所占空间很小，是有损压缩格式，意味着缩减图像信息压缩文档大小。每次打开与保存（取决于当时压缩程度）都会永久性地降低图像质量。JPEG 不适于多次编辑的工作情形，但它因为占用文档空间较小，具有相对可忽略的压缩损失，所以适用于网页用图。与文字与图标一样，JPEG 格式不适用于矢量地图。

当处理有固定颜色、梯度平滑和有棱角的图像时，人为压缩的痕迹会相当明显。

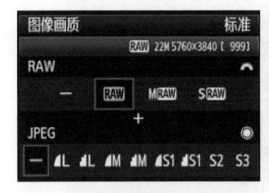

▲ RAW 格式的设置

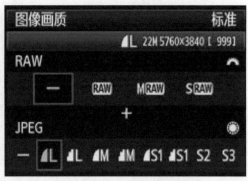

▲ JPEG 格式的设置

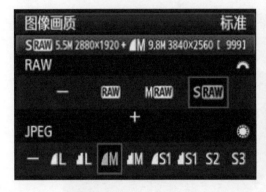

▲低像素双格式的设置

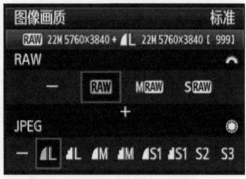

▲高像素双格式的设置

3. TIFF 格式

当不需要图层或者高品质无损保存图片时，TIFF 文件是最好的格式。TIFF 适用于所有图片内容，支持全透明度，不仅适用于网络，还可以支持不同颜色模式、路径、透明度及通道，是打印文档中最常用的格式。

4. RAW 格式与 JPG 格式的对比

RAW 格式的图片文件像素高，而 JPG 格式的图片文件相对像素要低一些。除了这些区别外，RAW 格式在摄影中更多地是支持后期在图片处理软件中的使用。它可以在后期中任意调整，而相对损失像素很少。但 RAW 文件的缺点是，相机前期所有设置，在后期的计算机里均不显示，除非安装专用的软件。而 JPG 文件虽然像素相对 RAW 文件低，但是前期相机所设置的功能在后期中均被完好无损地保留。

上图为 JPG 格式的图片文件在后期中进行处理，前期所有的设置均原样保留，没有任何变化。

上图为 RAW 格式的图片文件，在后期中进行处理，前期所有的设置都不会被保留，所有的设置均归零（除非安装有特定的插件）。

12.22 光圈、快门、感光度的变化及效果

（1）光圈用 F 表示，后面跟的数字越小，光圈越大（反比）。大光圈（如 F1.4、F1.8、F2.8 等）进光量多，在暗处能使照片变亮，也可以配合快快门将飞快移动的物体"凝固"（例如，运动的鸟、飞机、运动员等）。还可以拍人物特写，产生

背景虚化。小光圈配合慢快门，可以拍摄流水、星轨、车轨等，也可以拍摄光芒。

（2）快门速度用分数表示。分母越大快门速度越快，运动的物体就越清晰，分母小快门速度慢，点的运动轨迹会连成线。

（3）感光度用 ISO 表示，后面跟的数字越小，感光度越低，反之越高（正比）。感光度低，拍的画面清晰；感光度高，拍的画面有很多噪点。高感光度有以下缺点。

① 随着感光度的提升，噪点逐步增大，照片放大后会有较为明显的马赛克。

② 颜色不正，偏色。

③ 损失画面的层次和细节。

④ 照片的清晰度下降。

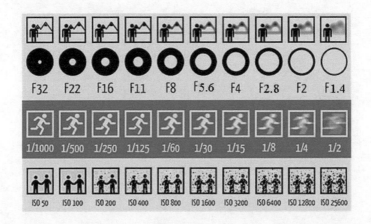

12.23　影响曝光和闪光灯曝光的因素

影响曝光的因素主要有以下几种：①现场的环境光线；②光圈；③快门；④感光度。

影响闪光灯曝光的因素包括：闪光灯的功率大小、灯与主体之间的距离、镜头的焦距、ISO 的高低等都会影响照片曝光的正常表现。主要表现如下。

① 闪光灯功率越大，画面越亮。

② 焦距越长，画面越亮。

③ 感光度越高。画面越亮。

④ 光圈越大，画面越亮。

⑤ 闪光灯离主体越近，画面越亮。

第13章

摄影特技

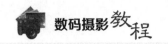

13.1 拉曝与推曝

拉曝与推曝是摄影中一种特殊的技巧，它是在 Tv 优先的条件下设定一定的速度，从而在规定的速度内，用手动旋转镜头来完成变焦的过程。得到的是一种有强烈冲击力的视觉效果，由于镜头在变焦的过程中画面中的亮点会变成各色的线（夜晚中的效果），所以深受摄影爱好者的喜爱。

适用镜头：70 ~ 200mm、70 ~ 300mm 变焦镜头。

设置：选择 Tv，夜晚需调节白平衡，调节曝光量，选择大光圈（线条会显示较粗）半按快门拍摄时，先对中心的主体进行曝光，再开始匀速旋转镜头（线条的直与弯显示旋转镜头是否匀速）。拍摄时主体一定摆放在画面的中间。

建议新手从夜晚开始练习，因为夜晚曝光时间需要长一些，操作时间相对宽松一些。操作前先设定白平衡，再确定曝光时间。白天曝光不能太长，相对难度要大一些。

拉曝是从焦距 70mm 端往 200mm 端拉，推曝是从焦距 200mm 端往 70mm 端推。

13.2　低角度拍摄

利用广角镜头在低角度机位拍摄，可以达到夸张前景的作用。

广角镜头一般比较常见，但采用什么段位的镜头能达到何种效果，一般摄影爱好者就不太清楚了。常规的广角镜头一般有 12 ~ 24mm、16 ~ 24mm，在这个范围内，画面的影像人物变形还能接受。如果焦距小于 12mm，基本就接近鱼眼镜头了。鱼眼镜头的视觉在 180°，一般用于建筑摄影的夸张效果，不适合表现人文摄影。

运用 12 ~ 24mm 的广角镜头可充分表现画面的纵深感，同时能把人物表现的比较高大。拍摄时一般可将相机尽量靠近主体，并贴近地面拍摄。拍摄时为了达到最佳的低机位，常常会采用盲拍和使用直角取景器辅助进行拍摄。

下图是在印度金城所拍摄的一个人文场景，使用了 12 ~ 24mm 的广角镜头低角度拍摄，把人与环境融在一起，产生了冲击视觉的效果。

13.3　高噪点拍摄

在正常的情况下，相机的 ISO 设置在 100 左右，这是为了确保画面的高清效果，ISO 的值越高，画面的清楚度就越低，噪点就越大。所以，在正常的情况下高 ISO 是较为少见的设置。但是，如果使用得当，刻意去营造画面的高颗粒、高噪点效果，也是值得尝试的另一种拍摄方式。

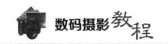

如下图，为了表现英国伦敦工业革命时期的画面氛围，作者大胆地采用了高 ISO 设置，并有效地达到了还原那个时代的画面效果。

▲图片来源于网络

13.4　虚焦拍摄

使用手动对焦模式调整焦段，旋转对焦环，使被摄物体与焦点发生偏移，产生虚化效果。面对较为复杂的夜间火光进行调节，把夜晚里的路火调节成各色的斑斓的彩色光斑，把焦点模糊营造出油画的效果。夜晚拍摄时需调准白平衡，这样能使光斑的色彩更加艳丽。

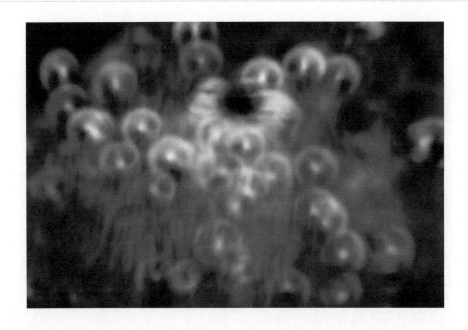

13.5　过曝拍摄

利用拍摄对象固有的环境，然后增加曝光，拍摄出高调的照片效果。所谓"白加黑减"中的"白加"就是用增加曝光的手法来达到拍摄高调的效果。

13.6　利用玻璃拍摄雨景

"隔一层玻璃就隔着一个世界"，这话对于摄影来说一点也不夸张。摄影初学者可以大胆地尝试一下利用玻璃的拍摄方法。

选择在雨天拍摄，或者在无雨的天气里使用一点小技巧。在渐变镜卡子上放一块白玻璃板，均匀抹上一层凡士林（以便挂水珠）。涂抹凡士林的技巧是：要薄，而且朝着一个方向涂，这样在使用时可以任意改变夜间灯光的光芒方向。

拍摄时选择色彩对比强烈的画面，使用两种对焦的手法拍出不同的创意效果。

一是将焦点对在玻璃板上，画面中的景物会呈朦胧状。

二是将焦点放在画面中的景物上，前景会呈朦胧状。

13.7　旋转相机拍摄

这种拍摄方法表现的是一种特殊技巧，画面呈现出一种动感。拍摄时首先要选择复杂的背景，因为背景越复杂，动感的效果越明显。这样可产生明显的对比关系。设定速度优先 15 ~ 20 秒后半按快门，锁定拍摄对象，之后开始轻微地向左或者向右旋转相机。得到的效果是中心清晰，周围朦胧。

13.8　"虚"的表现手法

"虚"是摄影中极少见的一种表现手法。这种"虚"与之前学习的不一样，它是单纯的虚。一般常说的"虚"是在有实对比的虚，形成了虚实对比，目的从而是突出实的主体。而这里提到的"虚"既没有虚实对，也没有动静对比。

　　这种"虚"的表现手法不易掌握和鉴别，但是一旦掌握就不难区别。这种"虚"若是恰到好处，突出的是"形态""色彩"及所处的环境，这也就是与其他没有章法的"虚"的主要区别。

摄影：张荣生

摄影：张荣生

13.9　追拍

追拍指相机跟着被摄主体，以相对接近的速度，做同方向运动，获得作品主体较实（或微虚）、背景半虚（或大虚）的技术方法。

运动的物体由于和相机移动的方向、速度基本保持一致，所以形成清晰的影像。整个画面给人以强烈的动感效果。这种方法可用来拍摄行进中的所有物体。它的效果是被追的物体形象清晰，而背景一片模糊。优点是可以避免杂乱的背景，同时，模糊的背景能衬托出主体。

追拍的设置与方法如下。

（1）相机与动体的行进方向成 90°，拍摄时半按快门，相机平行追随动体。

（2）相机的移动速度一定要和运动物体速度始终保持一致，不能前后左右晃动。

（3）按动快门要轻，时间不能过早或过晚，一般说在平行追随时以和动体在 75°～85° 角按动快门为宜。

（4）按动快门的时间应该是动作的高潮。

（5）快门速度应根据动体的移动速度和所要追求的拍摄效果确定，一般应在 1/60～1/15 秒，最快不能超过 1/125 秒。

（6）背景的选择尤为重要，背景越复杂效果越好，动感越强烈。

在没有把握的情况下，可对同一目标用不同的快门速度拍摄几张，以供选用。

13.10　拍出有创意的倒影照片

无论人像摄影还是风光拍摄，使用倒影创作是打破常规的一种有效的创意好方法。拍摄中，利用好以下几种方法，可以充分发挥作者的创意灵感。

1.　景深

景深是拍摄倒影的关键，出于对景深的考虑，可采用大、小光圈以拍摄出不同的效果。大光圈景深浅，对焦时可选择先将焦点对着水面上，让水里的景物模糊。再把焦点放在水中的景物里，即可得到两种不同的效果。另一种方式是设置小光圈，让水里水外都清晰，这样有助于强化倒影的效果。

2. 水与风光

美景是摄影师梦寐以求的，但如何才能把其中的美表现出来呢？可以选择一个带水的环境作前景，会有助于将美景淋漓尽致地表现出来。摄影时，可使用渐变镜减少光比，使画面天空更加辉煌，同时可以使用偏振镜消除水面的反光。

3. 非常规倒影

如果没有带水面的风景也不用担心。我们日常的生活用品中就存在大量的反光表面，例如镜子、玻璃、金属等都可以利用。由于反光的表面不吸收光线，所以，拍摄时偏振镜是必不可少的。

主体的选择是打破常规的关键，选定了拍摄表面，尝试任何你喜欢的东西。形状

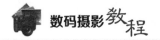

越有趣的东西，倒影的效果越有特点。

　　雨过天晴，路上会留下许多大小各异的水滩，这是表现倒影的最佳时机。将相机放于地平面，与水面相接，可带来意想不到的效果。

4.　利用后期制作来表现创意的倒影

倒影有两种表现手法：一是前期拍摄时所表现出来的；二是靠后期制作出来的。无论是前期的拍摄还是后期的制作，作者的创意想法都是一样的，都是希望以抽象的形式来表现所拍摄的对象。随着目前数码技术的发展，后期制作技术的应用越来越广泛。它可以不受前期拍摄的约束，可以随心所欲地表现作者希望表现的内容。从哲学的角度来分析，当代的摄影理念是以唯心主义为主导思想。所以，运用后期制作技术能达到"只有你想不到，没有你做不到"的地步。当摄影水平达到一定的程度时，创意就是较为重要的因素了。要打开辐射思维，拓展自己的想象力，从而表达出有创意的倒影，使自己的作品蕴藏创意的乐趣。

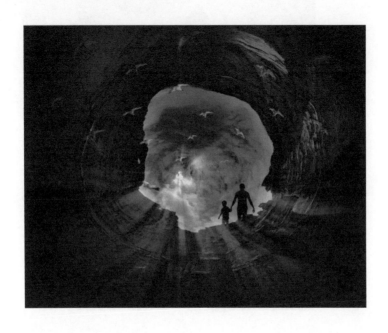

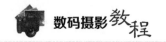
13.11　拍摄倒影的技巧

倒影的拍摄分为室内与户外两类。

1.　室内棚拍寻找倒影

若要在室内棚拍中准确地找到和拍好倒影，可以采用以下方法。

要确定画面的景别，先把镜头推出，把主体人物放在适当的位置。画面的比例是主体人物占据 3/5 的位置，留 2/5 的位置给倒影的空间，这样就保证了倒影在画面中的注入。使用小镜子造成倒影，小镜子在镜头前摆放在 1/3 的位置，主体与倒影之间的衔接处可轻微地上下移动小镜子进行调整。

2.　户外寻找倒影

（1）利用小镜子寻找倒影

在户外可以利用小镜子进行倒影的拍摄，称之为"人工注水"。小镜子在镜头前的摆放位置也是 1/3 处。

当镜面与镜头呈现 90° 的角度时，水面的倒影比较窄，水由于受天空的反映呈现出蓝色，但随着镜片往下翻动，画面的倒影逐渐变宽，水的颜色逐渐变淡。拍摄时要注意，主体与倒影之间的衔接处可轻微地上下移动小镜子进行调整，这点很重要。

（2）利用小水滩拍摄倒影

我们经常看到画面里水中的倒影很美，并且水面很大。其实，实际的镜前水面往往只是一个小水滩。如何把小水滩拍成河流，拍出意想不到的水中倒影的感觉呢？可以采用以下方法。

① 尽量使用广角镜头，起到夸张小水滩的作用。

② 把相机放在离水滩最近的地面上拍摄，会比较容易地呈现出美丽的倒影来。

▲图片来源于网络　　　　　　　　　▲图片来源于网络

第14章

多重曝光

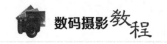

14.1 多重曝光的概念和应用

多重曝光是摄影中采用两次或者更多次独立曝光，然后将它们重叠起来，组成单一照片的技术方法。由于其中各次曝光的参数不同，因此最后的照片会产生独特的视觉效果。

多重曝光原本是胶片时代的产物，随着数码产品的时代的到来，它被进一步地发扬光大。摄影者熟练掌握并利用多重曝光能拍出具有独特韵味和千奇百怪的作品。

多重曝光在表现写意手法时应用较多，作为初学者还是要在写实的阶段全面了解它的概念和作用，掌握多重曝光的拍摄技巧，将会在实际拍摄中起到重要的作用。多重曝光在主流的单反相机中均有设置，特别是佳能 5D3 相机推出了有特点的多重曝光功能。

一般带有多重曝光的相机都有显示支持 2 张或多张的功能，即分别拍出多张照片，相机会自动将这些照片合成到一起。本节以佳能 5D3 相机为例分析多重曝光的特点和功能。

1. 基本功能

菜单中选择 "关闭" 与 "开启"，选择后弹出三项子菜单。

（1）"关闭"，则禁用此功能。

（2）"开：功能 / 控制"。将允许在拍摄过程中做查看菜单、回放等操作。这意味着把多个本来不在同一画面上的景物合并进同一张画面。

（3）"开：连拍"。即在拍摄中无法进行查看菜单、回放、图像确认等操作，但它可以很方便地拍摄类似慢快门的连续动作效果。

2. 多重曝光的控制（四种创意方法）

（1）"加法"

选择此项后如三张图片相叠，图片相叠的同时三张图片的亮度也在相加，图片会显得越来越亮。这里的加法是亮度的叠加，所以每拍一张就要减曝一挡。也就是说，多重曝光设定的是几张，那么就要减几次曝光，最后才能得到准确的曝光。这种技术运用不是很广泛，可在高调拍摄时应用。

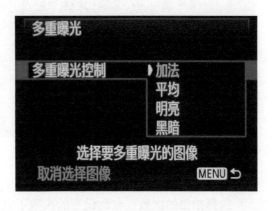

（2）"平均"

选择此项在拍摄时相机会自动控制其后背景的曝光，以获得标准的曝光结果，确保曝光正常。这种叠加比较平淡，很多相机都有设置，也没有更多的技巧。所以，使用此项较为常见。

（3）"明亮"

选择此项，会将多次曝光结果中明亮的部分保留在照片中。如图所示第一张的暗部和第二张合并，其余的不合并。

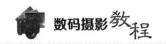

也就是说在第一次曝光的阴影处会产生叠加，阴影之外不能产生叠加。它是一项比较复杂的创意功能，有待于初学者去挖掘和发挥。

（4）"黑暗"

在拍摄中将多次曝光结果中的暗调部分保留下来。第一张亮部的地方和第二张合并，其余的不合并。拍摄时如果想保留第一张主体完整不受影响，可使用此法。与明亮一样都是佳能相机独特的创意设置。这些独特的设置给我们在创作中提供了极佳的条件。

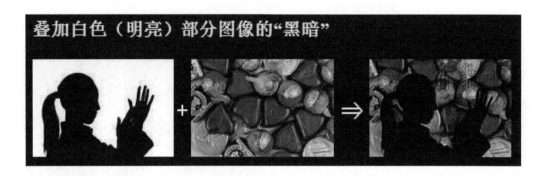

3. 曝光次数

选择拍摄的次数，在此设置的次数不宜多，因次数越多合成的画面中产生的噪点就会越多。

保存源图像：选择此项会弹出以下两个子菜单。

（1）"所有图像"

相机会将所有的单张照片以及最终的合成结果全部保存在存储卡中。

（2）"仅限结果"

不保留拍摄中的单张照片，只保留几张照片合成的结果。

4. 连续多重曝光

（1）"仅限1张"

将在完成一次多重曝光结果后自动关闭此功能。

（2）"连续"

将一直保持多重曝光功能的开启状态，直到我们手动关闭此功能为止。

5. 用存储卡中的照片进行多次曝光

允许从存储卡中选择一张之前已经拍过的老照片来和即将要拍摄的新照片进行合成。

注意：

（1）已选择的照片会占用一次曝光次数。

（2）此设置中只能选择 RAW 格式图像，无法使用 JPEG 格式图片。

（3）RAW 格式必须是原始的。

（4）此设置中多重曝光的开启方式，只能选择"开—功能控制"，而不能选择"连拍"。

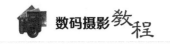

14.2 "明亮"法

明亮法是佳能相机推出的一种多重曝光的新技法，这种技巧给我们多重曝光增添了新的视野。"明亮"这种技法拍出来的效果是，保留第一次拍摄的影像完整，第二次拍摄出来的影像不与第一次的影像重叠。并且，在第二次准备拍摄前可任意改变调整光圈或者速度，为第二次叠加创意做准备。同时，还可在第二次拍摄前开启时实对焦，以便能够精准校对与第一张之间的位置。这种功能给我们实施多重曝光带来很大地方便。

上图第一次拍摄采用了光圈优先，第二次曝光采用了速度优先，设定的快门速度为 0.5 秒，拍摄时刻意把镜头在 0.5 秒内完成由上往下压的一个动作，从而达到虚化的一种效果。

第 15 章

减法的艺术

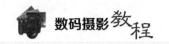

绘画是加法的艺术，摄影是减法的艺术。画家是把东西画进画面，而摄影者则是从画面去掉一些东西。

作为摄影作品来说，是包含有很多的信息量的，但这并不是说拍摄的越全面，信息量才越大。照片上出现越多干扰景物，就越会影响信息的传递。摄影师就是要在现有的景物中去掉不相关的内容，使之反映本质。

摄影初学者面对拍摄对象时该如何完成"去杂留精"的"减法"？以下介绍几种在拍摄中做"减法"的方法。

15.1　利用速度

在平常的摄影中经常会遇到人很多的情况。在"摄影技巧"一章中介绍了"去繁留简的街景拍摄方法"，就是利用速度优先，设定慢门进行拍摄。拍摄要使用脚架和快门线，白天要加装减光镜。

下图为俄罗斯的红场，全球各地的游客众多，但在慢门和减光镜的作用下只留下少数暂时停留的游客，而大部分人在慢速中被减掉了。

15.2　利用光圈

　　无论是花卉摄影还是人文摄影，摄影者面对的环境常常是复杂的。若要突出主体虚化背景，最好的办法就是开启大光圈，并配合点对焦，使画面的景深变为最小。在大光圈的作用下，原来杂乱无章的背景，会变为虚化的景象（特别是在逆光的情况下），从而有效地美化了背景，突出了主体。拍摄技巧如下。

　　（1）使用最有效的镜头：70 ～ 200mm 变焦镜头。折返镜用 500mm 定焦镜头。

　　（2）设置最大光圈（折返镜除外）及点对焦。

　　（3）选择逆光拍摄能达到最佳的效果。

　　下图为印度的一个农贸市场所拍摄的景象。当时，人物众多，环境杂乱，采用了大光圈点对焦后，周边的所有复杂环境都被减掉了，并呈现出意想不到的虚化效果。

15.3　利用减曝

　　在风光摄影中，只要有明显的光线，且光线处于黄金光区时，就可以大胆尝试采用减曝方式拍照。在减曝的过程中损失的是中间灰的部分，即中间层次，显现出来的是画面最亮的部分，这部分就是我们所需要提升的元素，这也是"白加、黑减"中的"黑减"法。这种利用减曝的方法来减去中间杂乱的层次从而达到完成构图的目的，是常用的低调风光摄影方法。

下图中画面呈现出来的线条与主体就是在黄金光区中,利用"黑减"的手法完成的。

15.4 利用增曝

利用增加曝光的手法来达到减去中间层次,有效提升主体的目的,这是"白加、黑减"中的"白加"法。白加呈现出的效果是摄影中的高调,高调给人以清新明朗的感觉。

这种表现的手法往往是视拍摄对象而论,它首先要确定是否具备拍摄高调的条件——散光,拍摄对象为大面积的白色为主。

在上述条件具备的情况下就能实施"白加"的运用。在增加曝光的同时还需增加对比度,才能达到最佳的效果。

下图为湖面上的雪地里,冰雪在太阳的照射下开始融化,并出现了深色的融化圈。这种在雪地里出现融化的圈与白色的雪形成了强烈的明暗对比,这就给拍摄高调提供了有利的条件。

15.5　利用追拍

在"特技摄影"一章中专门讲解了"追拍",此处不再详述。追拍可以将画面背景拉虚,从而达到减去杂乱背景的目的。

下图画面中的流水在追拍中被拉虚,主体白鹭被有效地提升出来,给人以一种唯美而抽象的感受。

摄影:张荣生

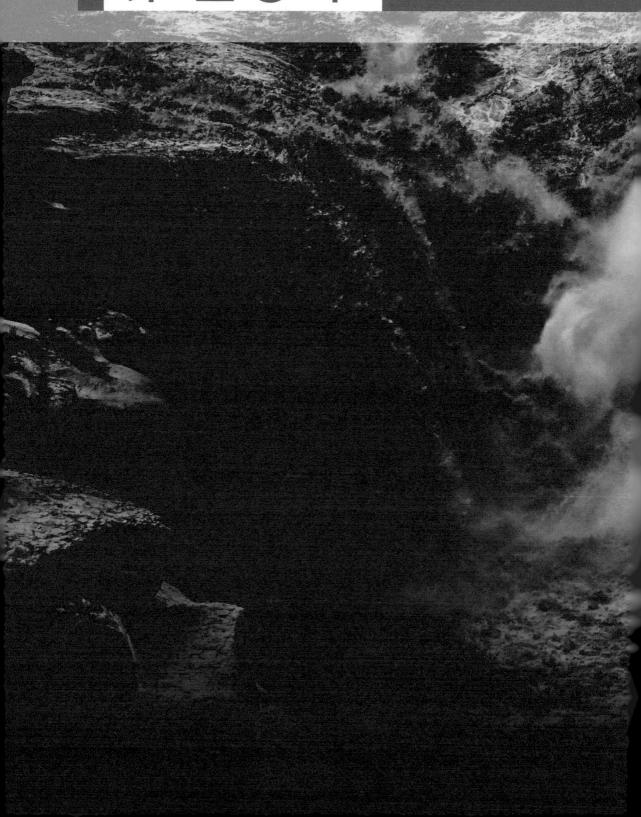

第**16**章

一招拍出佳片

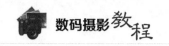
在学习摄影的爱好者中，有些人的图片拍得很漂亮，而有些人却始终拍不好，除了摄影者必须应该具备一定的美术基础外（构图、光影、色彩），还有一些影响照片质量的因素。以下分别进行介绍。

众所周知，照片的基调分为高、中、低；光圈分为大、中、小；快门分为快、中、慢。仔细分析不难看出，无论是照片的基调、光圈还是快门速度，如果只是按照常规的方法，自始至终遵循照片的"中"字（中间调、中间光圈、中速快门），拍出照片就显得很平淡，没有特色。那么，能否大胆打破常规去尝试一下"走极端"，看看相机在极端的设置下能发生什么变化？

16.1 基调

首先从基调来看，所有的照片只有三种基调——高、中、低。中间调的照片是平时司空见惯的，很平淡，不会引起视觉冲击。那么，可以试着设置相机的极端，看看照片能产生什么变化，在有条件的情况下尝试拍摄高调与低调。

1. 低调

拍摄低调的首要条件是有光影，在有光的前提下运用黑减的法则，大胆减曝。

2. 高调

拍摄高调的首要条件是要有环境，如水面、白墙等。在具备拍摄高调的情况下，采用"白加"的拍摄手法。大胆增加曝光，提高对比度，使画面的中间层次损失，提升出来的就是我们所需要的元素即形和线条。

高调与低调运用了"白加黑减"的摄影法则。

16.2　光圈

1. 大光圈

在花卉、静物、艺术人像及部分人文摄影中，可以大胆地设置镜头光圈尽可能大，争取画面的最浅景深。

大光圈在平面摄影中表达出以下三种特点：

① 突出主体；② 美化背景；③ 增强画面的意境。

2. 小光圈

在风光摄影中，当遇见半遮半掩的太阳时，为了使太阳的光芒更加明显，可将镜头的光圈设置到最小，这样即可拍摄出光芒四射的太阳。

16.3 快门

1. 慢速度

在表现画面动和静的对比时，将快门速度放慢，可使画面展示出时间的流逝。试着变换不同的快门，不同的慢速会出现不同的效果。

2. 快速度

慢速可以记录时间的流逝，快速可以定格时间的瞬间。

　　综上所述，在拍摄时如果有条件，多关注和使用相机设置上曝光、速度、光圈的极端设置，就有可能拍摄出与众不同的照片。

第17章

画面另类元素

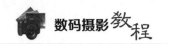

17.1 　纹理

　　纹理在我们的视野中比比皆是,只是一般人不善于观察发现。只要用心观察和学习,将画面注入纹理构造,就能创作出充满纹理艺术感的作品。

17.2 线条

线条形状在我们周围的环境中随处可见。大自然中不乏可拍摄的题材，在大自然中去提取我们想要的素材，并进行加工（前期和后期）。可以利用构图和剪影手法拍出线条轮廓。

第 **18** 章

人文摄影

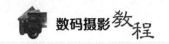

人文摄影中相对来说对构图及光影的要求并不严格，注重的是"内容"，这个内容就是"特殊性"，这种特殊性包括：民族的特殊性、地域的特殊性、外貌的特殊性、生存环境的特殊性等。

18.1　民族的特殊性

各个国家都有本国特色的各种民族，由于不同民族都有各自的特点和特殊性，服饰与外貌区别较大，所以民族题材成为人文摄影中常见的拍摄题材。这种作品非常抢视觉，同时也容易取得比较好的表现，所以在人文摄影中民族题材是最受推崇的表现题材之一，所谓"越是民族的也就越是世界的"。

18.2　地域的特殊性

由于地理位置的不同，造就了生活在不同地域的人们形象、外貌、肤色的不同，从而产生了各式各样的人种。这也为摄影者提供了人文摄影极好的表现题材。例如，生活在赤道附近的人群、生活在高寒地带的人群等都有其独特明显的特征。

18.3 外貌的特殊性

人的外貌会受各方面因素影响而发生变化。

（1）受地域的影响：如非洲人与亚洲人的外貌特征就因地域的区别而产生明显地差别。

（2）受生活环境的影响：如农村人受光照的强度比城市人强许多，造就了农村人外貌与城市人有明显地区别。

（3）受文化教育的影响：所谓"相由心生，外由内表"。从一个人的气质大致能判断得出此人的文化教养。

下图中的人物可以说集上述三点于一身，所以其外貌特征尤为突出。所以一个合格的摄影师应该善于观察并且准确地捕捉到这种有明显特征的人文图片。

18.4　生存环境的特殊性

　　人们的生活环境不一样，受到的文化教育不一样，造就了人们生活习惯的不同。例如，一些边远地区由于贫穷落后和信息封闭，很多地方还保留着比较原始的生活状态，那里的人们（特别是孩子）眼光里对外界来人充满着好奇及疑问。他们的生活状态和充满好奇的眼睛都是人文摄影的极佳题材。

第19章

色彩漂移

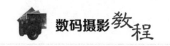
19.1 色彩漂移的意义与作用

画家作画采用的是画笔与调色板上的颜料，而摄影师的画笔就是镜头，色彩漂移就是调色盘。合理运用色彩漂移，会给照片的前期拍摄带来无穷的魅力。相机菜单中白平衡中所显示的"白平衡偏移"就是我们常称的"色彩漂移"，此项功能在前期拍摄中用途广泛。

从色彩学角度来说，色彩漂移可以诠释色彩的所有基本概念。

色彩漂移图的四个角的顶端，各呈现一种颜色，而这4种颜色就是我们所说的三原色，既包含了色光三原色，又包含了物质三原色。在每种颜色的对角面，正好呈现出色彩的对比色，称为原色对比。

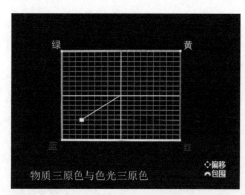

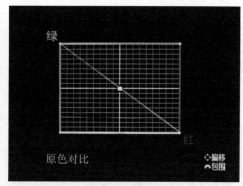

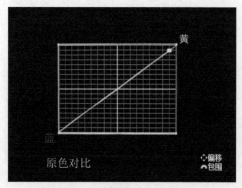

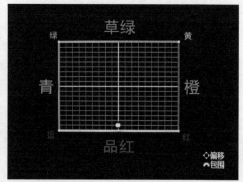

两邻相加的色，呈现出另外一种色，称之为复色。复色相对的颜色，又呈现出色彩的二次对比色关系。

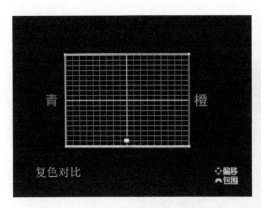 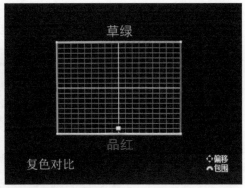

复色的对比，在视觉冲击上仅次于原色对比。

所以，白平衡图就好像调色板，摄影者可以在上面调出任意的一种颜色。它最适合的拍摄对象是昆虫、花卉、人文、早晚的风景。

19.2　色彩漂移的效果图

漂品红色时的设置如下图。

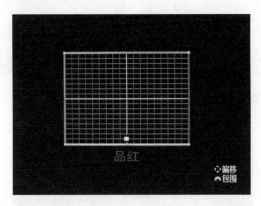

色彩漂移呈现出的"品红色"效果如下图。

漂黄色时的设置如下图。

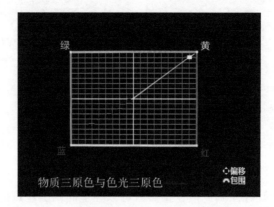

色彩漂移呈现出的"黄色"效果如下图。

漂蓝色时的设置如下图。

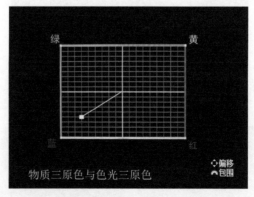

色彩漂移呈现出的"蓝色"效果如下图。

漂红色时的设置如下图。

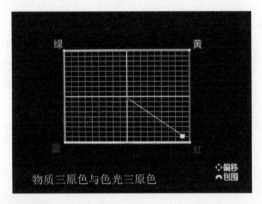

物质三原色与色光三原色

色彩漂移呈现出的"红色"效果如下图。

第20章

摄影中的对比

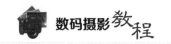

俗话说，没有对比就没有鉴别。任何摄影画面都包含对比因素，在摄影创作中恰当地运用对比手法，能使作品主题鲜明生动，意境深远，更具有艺术感染力。

摄影创作中经常运用的对比手法有色彩对比、大小对比、明暗对比、强弱对比、虚实对比、动静对比、冷暖对比、概念对比等。

20.1 色彩对比

对比关系在摄影作品中运用很广泛。最能冲击视觉的就是两组原色对比，即蓝—黄和红—绿对比；其次就是两组复色对比，即青—橙和品红—草绿，这种对比的视觉冲击力仅次于原色对比。

1. 蓝—黄对比

这种对比最为明显。在拍摄对象中存在两种情况：固有的和环境中潜在的。这种潜在的对比需要拍摄者去挖掘出来。在早晚逆光的条件下，人的肉眼看见背光的山体呈现出来的是灰黑色，此时需要将相机内置的白平衡调低至4000K左右，画面的暗影部分就会呈现出蓝色的现象，从而与受光部分的黄色形成强烈的对比。

▲画面中的蓝色成分是靠降低K值后所提升出来的颜色

2. 红—绿对比

这种对比关系比较讲究，用好了会使画面起到画龙点睛的作用；用得不好，画面会显得很"土"。

所谓万绿丛中一点红，这就是色彩之间的搭配技巧和艺术了。不过，有时画面情节需要表现"土"的一面，例如表现陕北姑娘穿的大花袄时，可以利用这种红多绿少来搭配。

20.2　大小对比

大小对比就是在同一画面里利用大小两种元素进行对比，从而达到以小衬大，或者以大衬小，使主体得到突出，使意境得到表达的效果。

实现大小对比效果可分为三种途径。

一是利用拍摄对象自身的体积、面积的差异产生对比效果。

二是利用镜头近大远小的透视变化取得对比效果。

三是把前两种方式相结合，把本来很小的物体夸大，制造出反常规的大小对比效果。

总而言之，就是要达到突出主体的目的。

20.3　明暗对比

运用明暗对比造成主体与背景的分离，以明衬暗、以暗衬明达到一种相互呼应的作用，形成视觉中心和某种特定效果。

这种表现手法可分为三个层次：

第一层，画面表现明和暗的对比关系；第二层，暗中有明；第三层，明中有暗。

▲图片来源于网络

20.4　强弱对比

　　强弱对比其实就是刚与柔的对比手法。常见在表现模特的时候，都喜欢把模特安排在大型的机器旁，或者废旧的蒸汽机车旁，其目的就是通过大型机械刚的一面来衬托出模特柔的一面。

　　下图中通过人与大自然之间的对比，显示出人在大自然中的渺小，大海的惊涛骇浪随时都有可能将人吞没，使观者为垂钓者担心，从而达到了突出主体的目的。

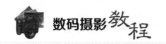

20.5　虚实对比

虚实对比是指通过控制光学镜头的景深范围，使画面有虚有实，进而达到凸显主体的目的。"虚"在摄影技术中指焦点不实，影像模糊不清。"实"指清晰的主体。在拍摄中，根据内容的需要，使画面一部分影像清晰，另一部分模糊，这是摄影中常用的一种表现手法。通过虚化环境达到突出主体的目的。

在拍摄中一般是主体实，背景虚。景深的大小取决于光圈、物距和焦距三个因素，所以拍摄虚实对比效果的画面，用长焦距镜头效果最为显著。一般表现虚实较好的镜头为 70 ~ 200mm 变焦镜头及 600mm 定焦镜头。

20.6　动静对比

动静对比，是指利用画面中元素之间的动静关系达到突出主体的目的，静中的动，或动中的静，都可以形成对比关系。这种对比手法还分为同时对比和相继对比。

由于主体动，环境相对静止，主体显得十分突出。如果环境相对运动，主体静止而不动，也会显得突出。在一个镜头画面中利用对比方法称为同时对比。

另一种是在相邻的镜头和场景之间利用对比方法，称为相继对比。相继对比是影视摄影中特有的表现方法，但在平面摄影中是无法完成的。

20.7 冷暖对比

冷色和暖色是一种色彩感觉，冷色和暖色并不是绝对的，色彩在比较中生存，如朱红比玫瑰更暖些，柠檬黄比土黄更冷。

画面中的冷色和暖色的分布比例决定了画面的整体色调，使用了冷暖对比色可使

画面更加有层次感，给人的心理感受更加强烈，从而达到增强观者印象和抢视觉的目的。在绘画和摄影中，这种对比手法也能表达画面的意境并起到调动情绪的作用。

20.8　概念对比

概念对比比较深奥，不容易被理解，但一旦理解了会感受到其中更深层的含义。

首先来解读"概念"，它是理性思维的基本形式之一，是客观事物的本质属性在人们头脑中的概括反映。人们在感性认识的基础上，从同类事物的许多属性中，概括出其特有的属性，形成用词或词组表达的概念。概念具有抽象性和普遍性，因而能反映同类事物的本质。

就上图而言，命题为"渴望"，一般人们会理解为一群饥饿的人们在为食物而争抢，但这里不仅仅表现的是对食物的渴望，也是对知识、对信仰等的渴望。

第四部分　写意

第**21**章

什么是摄影的写意

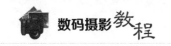

"世上不缺美景，缺的是发现美景的眼睛。世上不缺美景，缺的是具有创造性和辐射思维能力的头脑。"

一席话擦亮了我们的眼睛，给我们指明了方向。我们的眼前，我们的环境，不是没有美景，是我们看不见美景。

为什么有人看得见美景而有人看不见美景？因为看不见风景的人缺乏经验，缺乏自我修养，缺乏内涵，缺乏审美的能力。创作灵感来源于哪里？来源于经验的积累和对审美的理解。

21.1　什么是写意摄影

绘画有写实和写意之分，摄影与绘画一样同属艺术科类，所谓写意摄影就是拍摄者按照自己的主观意愿在摄影过程中运用构图、光影、色彩及前期技巧和后期技法，使作品具有较强的主观倾向。

　　写实是追求表现事物的具象，再现事物本来的面貌，摄影师可以不外加任何引申的意思，不刻意表现什么，其作品接近于真实的物体。

　　写意着重描绘物象的意态神韵，精神内涵，而忽略所描写对象的外貌形态。通过简练、放纵、抽象而又夸张的手法去表现被摄对象的意态风神，表达的是作者的心境和想法，力求与被摄对象浑然一体，从而达到天人合一的思想境界。情由心生，长于意，在写意摄影中充分体现了美学、哲学等思想，泯化小我，回复大我，实现了存在与意识的和谐统一。

　　写意摄影不是单纯去记录物体的具象，也不是完全舍去物体的抽象，是一种意象的艺术，是"意"与"象"的有机结合，以"意"造型，以形写"意"。摄影作为一种视觉艺术，是遵循着艺术规律，对客观视觉形象进行艺术再加工的结果。因此，影像并非是简单的现实复制，它将现实物质世界进行重写和超越，将写实性和写意性、具象与抽象、真实与虚幻融为一体；强调的是"意"的内涵，从而也就更突出了作品中拍摄者的主观意识。

　　下图用抽象和写意的手法表现的残荷"水世界"。

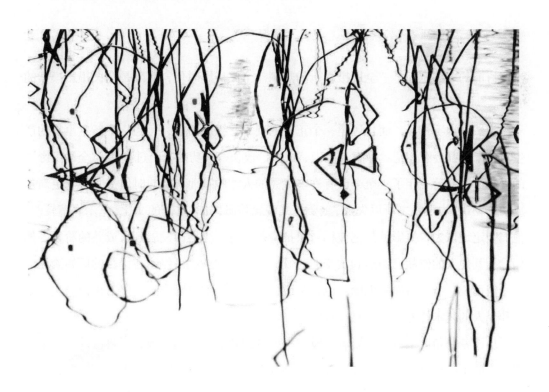

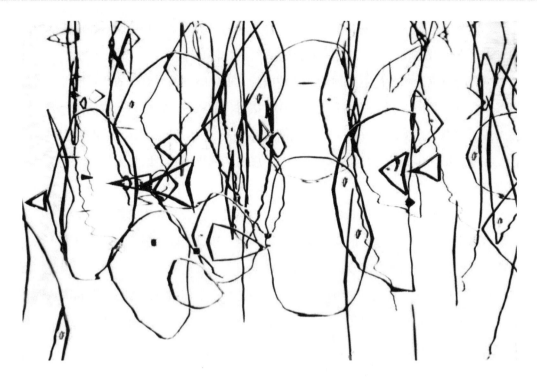

21.2 摄影与意识形态

目前的中国掀起了"全民摄影"的热潮。全民摄影时代，实际是全民摄影摸索的时代。

当然，这不奇怪，而且还是一个正常的现象。纵观历史，每当一个新生事物的产生与到来，都会有迷茫、探索、认识、成熟、成长、成功的一个过程。"全民摄影"的兴起已经有若干年了，至今已有许多优秀的人才脱颖而出。与时俱进、观念更新是成功的秘诀。失败者之所以失败，主要是其观念陈旧，同时自身的文化、艺术底蕴较差。他们坚定地认为，摄影就是把被拍对象拍清楚即可。当摄影发展到了成熟的阶段，他们看到其他人的作品已经达到质变的时候，才会发现自己还停留在摄影的原始阶段。

俗话说，镜头后面是大脑。也就是说，从一个人的摄影作品就能看出他的文化底蕴和个人的艺术修养。

从设备的角度来看，摄影者有没有把设备的效能发挥到极致，对自己的设备了解多少，能不能让自己的感情和这部相机融合得更好些，能否达到"人机合一"，这些问题都是值得深思的。其实，当摄影设备能与摄影者达到人机合一的境界时，它就是摄影者的手和脚，无论思想怎样支配，它都能随心所欲、应用自如地完成摄影者想要做的事。

有些人提到摄影就说要"真实"。其实，摄影的本质是艺术，是用摄影者的心记录他看到的、感觉到的一切，体现了个人的文化底蕴与艺术功底以及对自己设备的熟练程度。纪实摄影只是摄影的一种，而不是全部。

摄影的"真实"本身就是很片面的。镜头出来的东西不可能百分之百的真实。不真实的现象有许多，例如后期、广角、长焦，大光圈、速度的变化等各种因素都能使被拍对象脱离"真实"。

目前我们已经处于数码时代，与以往时代的区别体现是：当代由于受观念、数码设备的影响，"唯心主义"思想支撑和指导摄影；而以往的时代里由于设备基本处于原始阶段，造就了思想的局限和落后，主要以"唯物主义"支撑和指导摄影。如果当代的摄影者还继续保留过去的摄影观，那就成为"煮鹤焚琴""穿着新鞋走老路"的人了。

当然这也不能一概而论，同样是摄影，如果一个文化程度不高的人与一个有文化底蕴的人相比，他们的意识形态就决定了世界观的差距，结果会是"匠"与"师"的区别。

所以，镜头里出现所有的一切，都与人的意识形态有着密切的关系。

第 **22** 章

写意在摄影中的应用

22.1 摄影写意的境界

艺术在于创造，而不在于墨守成规。

若要继续提高摄影水平，突破自己本来的习惯，就要本着务实的心态，摄影范畴中表象的东西很容易使人偏离。

进入 21 世纪以后，以往以技术取胜的摄影作品逐渐减少，以立意创新的优秀之作大量涌现。创意并非一蹴而就，是需要摄影以外的沉淀积累，而并非一个量化概念。

摄影者应该把眼光多放在相机以外的地方，提高自己的艺术修为。艺术修为的重要性不可否认，摄影与绘画的区别就在于二者的技术表现手法不同。摄影有时不需艰苦磨练就能出作品，但创作出优秀作品也是比较困难的。

艺术修为提高的关键是需要学习自己没有领悟和掌握的技术，学习模仿优秀作品。其实，模仿也是一种学习过程。所以一定是"只有抄了，才能超了"。摄影者需要抛开以往的思维束缚，重新审视画面的构图、色彩、用光、影调、镜头表现、塑造人物……当然还有后期制作这种手法，目前国外摄影者普遍爱用后期制作。当然，无论采用哪种手法，只要能充分表达出作者的思想，就都是可行的，这取决于摄影者的艺术修养与技术的功底。

22.2 四维时空在平面摄影中的表现手法

很多人认为平面摄影中最多只能表达出三维时空，表现时空的手法是电影和电视的专利，与平面摄影没有多大的关系。殊不知在平面摄影中隐藏着不为人知的四维时空的秘密。

从光源的角度来看，顺光造就了二维平面，画面呈现的是长和宽的关系；侧光造就了三维立体，画面除了呈现出长与宽还表现出高，此时画面的立体感就得以展现了。

那么四维时空怎么表现呢？相机拨盘上常用的 Tv 与 Av 就是表现时空关系的关键所在。充分利用光圈与速度再加上创意，就能表现出四维时空的图片。四维时空概念就是时间和空间的关系，用在具体的摄影中就是利用光圈和速度来完成的。

当我们选择控制速度（Tv）的时候，就已经潜意识地在画面上表述时间关系了。例如，我们设定长时间曝光来拍摄星轨时、长时间拍摄流水时、长时间表现舞台演员拉动的虚轨时，都是展示了与时间的关系。

1. 光圈（Av）表现空间的关系

大光圈、长焦头将主体的前景与背景尽可能地虚化，造成画面的空间关系，同时可以使人产生无限的联想。

2. 速度（Tv）表现时间的关系

不同的速度可以表现不同的画面效果。快速可以定格画面的瞬间，慢速可以记录

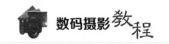

时间的流逝，不同的场景运用不同的慢速，会达到不同的时间表现手法。这就是我们所要展现的时间关系，画面的动与静的关系会很微妙。

如果我们能利用娴熟的技术，再注入我们的思想，从而表现出有内容、有深度的作品。这就是我们想要阐述的平面中的时空关系。

22.3 用摄影的手法表现国画

中国画的内涵体现了"博大精深"，主要体现在以下三个方面。

（1）物我契合：物中有我，我中有物，从而达到一种"至情至感"的审美境界。

（2）神与形：以神造形，从而达到"神明而形精"。

（3）法与变：从"有法"到"化法"，最后达到"无法"的精神境界。

国画和摄影都能表现技巧以外的东西，主要是对精神层面的表现。表现国画的拍摄技巧主要如下。

（1）一般国画都以高调来表现（运用白加的原理）。

（2）模仿国画的运笔，降低内设的锐度。

（3）减去饱和度或者转换为单色。

（4）国画的布局讲究留白，摄影构图要考虑这一点。

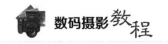

22.4 用突出主体的方法"写意"

在摄影中突出主体的表现手法很多,利用广角镜头来推出主体和放大主体的方式值得摄影者借鉴。

拍摄时,选择一个具有代表性的物体,放在拍摄环境的前面,利用广角镜头低机位的进行拍摄,同时利用大光圈来虚化背景,达到突出主体的效果,从而表达作者想要讲述的故事。

22.5　俄罗斯摄影风格

与欧美摄影作品不同，俄罗斯摄影作品独树一帜，作品往往给人一种宁静、沉稳、厚重、神秘的感觉，像一幅别致的油画。俄罗斯摄影风格的特点是暗系风格居多，暗部偏绿偏黄，深而不死，高光偏红，亮而不过。

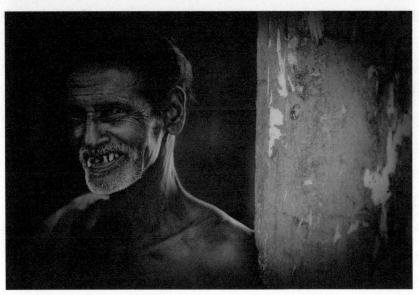

摄影者有两种方式可以达到这种效果：一种是拍摄之前运用白平衡偏移配合色调来调节完成，另一种就是使用后期来完成。

22.6　拍出与众不同的作品

摄影者要想拍出与众不同的作品，需要有个前提，即摄影师自身应具备一定的功底，如果没有一定的摄影功底都是空谈。那么要达到这种要求需要具备哪些条件呢？

（1）对手中的工具——相机要有一定的认知度。

（2）要具备一定的美术基础和较好的艺术修养。

（3）要有很活跃的辐射思维方式和创意（作品体现出自我的肉身化）。

（4）要有祥和的心态和细心的观察力（借助哲学理念，心静眼明，眼亮了就能看得到东西）。

（5）达到知己知彼，才能百战不殆（利用自身的艺术和技术功底对拍摄对象全面的了解）。

22.7　形成自己的摄影风格

衡量一个摄影者摄影水平高低的标准，不是他拍摄了多少个内存卡，也不是他从事摄影多少年，更不是他购置了什么样的设备。检验摄影水平的一个重要标志，就是看摄影者是否形成了自己独特的拍摄风格，以及作品是否形成了个性化、肉身化的表现。

在摄影作品形成风格化的过程中，首先是量变的过程，有了一定的量，就有可能形成个人风格的延续。形成风格化的整个过程是一个由量变到质变的演化过程。当自己的作品形成了一种固有的风格之后，这种独特的形式感的东西，就是识别风格的标准了。当然个人风格的形成与文化程度、审美意识、爱好、个人的世界观都有关系。

摄影技术的发挥，可以使作品在外观上具有设计特征，这种特征即使是简单的方式，也是可以形成风格的。

在摄影史上很多摄影大师的作品在最初都没有所谓的风格和流派，而是一种对摄影表现能力的直觉探索，注入自己的技术及审美情趣。这种直觉区别于他人，更不受技术的局限。当这种探索成为一种有设计的自觉行为，并按照一种特征进行系统化创作的时候，风格便形成了。所以，风格的形成应是一个系列化作品按照同一种风格来强化和演绎的结果。

第五部分　摄影师的自我修养

第23章

自我修养

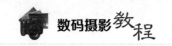

前面我们已经学习了摄影的 4 个阶段：① 摄影原理与相机；② 摄影的三大要素；③ 写实；④ 写意。当我们完全掌握了前面 4 个阶段的学习内容后，就可以进行第 5 阶段的学习了，这个阶段就是"摄影师的自我修养"。

每一个人的艺术修养都不是与生俱来的，都是需要通过在艺术创作或艺术欣赏的实践中逐步完善才能提高。《增广贤文》里有一句话，叫做"笋因落箨方成竹，鱼为奔波始化龙"。意思是笋子只有脱落了笋壳，才能长大成竹；鱼只有在江河湖海里奔波，才能演化成龙。茧只有经过千辛万苦才能达到"化蛹为蝶"的蜕变，这是自然界的规律，艺术家的成长也是如此。要多学、多听、多看，多接触各种艺术形式和艺术流派，只有先完成"抄"，才能达到最终的"超"。古罗马哲学家西塞罗说："修养之于身心，犹如食物之于身体。"只有在博览的基础上，才有可能辨别真伪优劣，培养出较高的艺术鉴赏力和艺术创作力。

各种艺术形式之间都存在有机的联系，摄影艺术也不例外。它包含着哲学、天文、地理、美学等多种因素，只有博学、博览才能达到全面的充实，并实现质的飞跃。摄影师对各种艺术形式培养起一定的兴趣后，才会有助于艺术修养的提高。只有广泛了解各种艺术流派，才可能对其作品有比较、有鉴别，从而达到取之精华，用于自我。

23.1 美学修养对摄影的影响

摄影是一门包含多个学科，涉及多个领域的综合性艺术，蕴含着极其丰富的内容。美学的修养对摄影艺术有着十分重要的影响，因为有了美，世界上的一切才显得那么美好，摄影师拍出的作品才有了意义和价值，所以，全面综合提高个人的美学素养，对于摄影专业来说是十分必要的。因为有了美感，照片才会生动，才会有内涵。真正的摄影者会不断冲破各种障碍，为寻找摄影自身的艺术语言和艺术特征不懈努力，逐步形成摄影艺术自身的美学规律和创作原则。所以摄影艺术离不开美学，而美学又通过摄影艺术去表达。培养美感是一个漫长过程，美学修养对摄影艺术的影响是无法否定的。

广义的摄影，是指把有物体的影像记录下来的技术。20 世纪中后期，摄影逐渐摆脱了较为滞后的摄影器材和工艺技术的局限束缚，相机的光学化、机械化在这个时期得到完善和发展,逐步从单纯的捕捉记录图像发展到人们开始有意识地利用摄影技术,并且注入了美学观及艺术观。这种意识的转变,标志着摄影不再是人们单纯的无意识地记录客观世界的工具,它与绘画等其他艺术一样,是一种社会意识形态,是经济基础的上层建筑。

23.2　摄影艺术对摄影者的要求

随着人们的物质生活的提高,人们对精神生活上的追求也逐渐强烈。同时,又从当初盲目的认识,逐渐变得更加理性,这充分证明了摄影艺术是当代现实生活中不可缺少的艺术形式。一幅成功的作品一定是情景交融和火花相撞而产生的灵感,所以,景美与情美有机交融,要比单纯的景美、情美更富有感染力。

情中有景、景中有情。它应该是摄影者对于生活的一种灵魂的呐喊,应该充分地表现摄影者的人生观、世界观。

摄影作为一门艺术,要求摄影者在艺术创造上应该有较高的意识,有较高的美学、哲学和自然科学、人文科学等方面的知识,有强烈的创作欲望,力求创新,突破视觉规律,创作出有摄影者特定的风格的作品。如果达不到这些要求,拍摄出的作品会很匠气,只是模仿复制和简单纪实,很难将摄影提高到艺术的层面上。

所以,学习摄影,首先应该掌握摄影的基本技术,在学习基本技术的同时,还应加深自身的艺术修养,在提高技术水平的同时相应提高认知水平。

23.3　摄影艺术的魅力

摄影艺术的魅力在于"似与不似之间"。

完全相似称之为"具象",离我们生活太近、太平淡,不被视之为艺术;太不相似则称之为"抽象",离我们生活又太远,好像有些看不懂,不能被人们所理解。所以,摄影艺术的魅力在于"似与不似之间"。

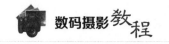

23.4　中国传统哲学对摄影的影响

中国传统哲学讲究"静"和"悟"，心静眼明，眼亮了就能看得见东西。

这里的"静"可理解为潜下心来，静心学习，积累知识。"悟"可以理解为创作的灵感不是来源于一时凭空的冲动，而是靠平时艺术修炼的积累，从而体现出的一种内涵迸发的现象。例如，平常我们看到的庙宇都是采用常规的建造方法，所以一说到庙宇给我们的印象就是红柱青瓦。而泰国的白庙展示给我们的是另一种风格，区别就在于是不是带有创作灵感。

所谓"万丈高楼平地起"，要想真正学好摄影，还得一步一个脚印，"静"下心来认真修炼积累。"悟"字在此可理解为明白了、看见了。许多初学者说"眼睛看不见东西"，当我们通过一段时间的理论和实践，"肚子里有货"了，对待事物的认识清晰了，眼前就会"看得见东西"。

23.5　亚当斯的区域曝光理论

美国著名摄影家安塞尔·亚当斯的区域曝光理论，是半个多世纪以来摄影科学的基本理论之一。亚当斯在他写的《负片与照片》一书中对此曾作了详尽地表述。在按下快门之前就能预料到最终得到的照片是什么模样。只要掌握了这种方法，摄影者就会学会分析景物，对景物进行更为准确的测光，并根据测光的结果做出适当的曝光，从而把对景物的视觉印象忠实地或者创造性地再现在照片上。

根据亚当斯的理论，黑白照片的色调或灰调可以分为十一个"区域"，由零区域（相纸能够表现出的最黑的部分）至第十区域（由画面的最白到最黑）；第五区域是中等的灰度，可以根据测光表的读数曝光得出来；第三区域是有细节的明影部分；第八区域则是有细节的强光部分。

　　凭着区域系统，摄影者便可以预见到照片的最后影像，并使底片能够根据摄影者心目中的构思去曝光。

▲图片来源于网络

23.6　摄影的高级境界

　　摄影到了一定的程度，所要表现的是精神，是精神之事，是思想情感之事，是文化修养之事，是一个人的内涵在画面中的体现。目前摄影界里有人表现的是技术，有人表现的是花样、形式，也有的人表现主题、内容。其实，一幅作品应该传递一种独特的内在感受。摄影作品要传递一种情与景、意与境的境界。所谓"一切景语皆情语"，指的是摄影师的创作就是一种主观境界的体现，面对拍摄对象客观取材，发挥个人的主观能动性去创造一个主观的世界。所以，摄影达到一定境界时，表现的是一种精神，拼的是文化，较量的是修养。

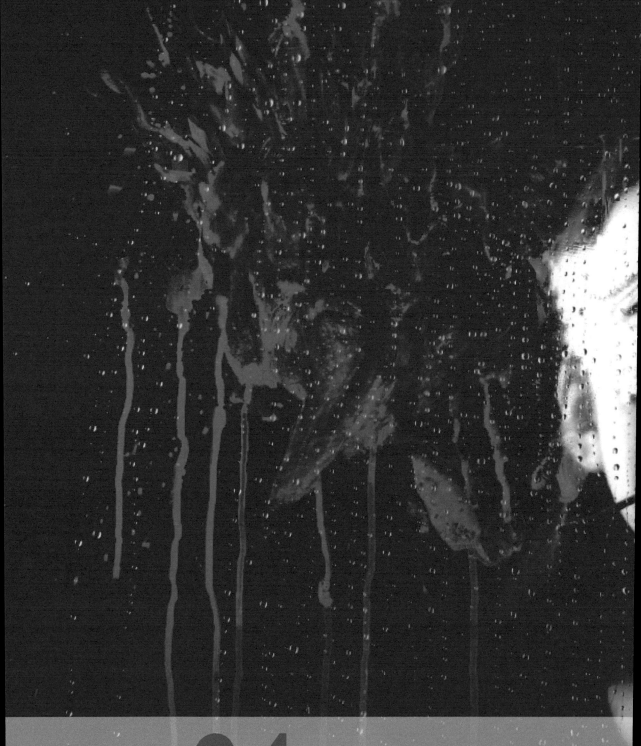

第24章

西方现代艺术流派

现代派艺术的启蒙者和先驱者——奥地利的西格蒙德·弗洛伊德的艺术理论提到：人有两个层面，第一是物质层面，第二是精神层面。精神是潜在的，当物质达到一定的高度后就会着重挖掘其潜在的精神层面。我们的美术工作者和摄影工作者就是挖掘和开发人们潜在的精神层面的灵魂工程师。

弗洛伊德的艺术理论是构建在他的"精神分析法"的基础之上，注重对艺术作品与艺术家创作动机、创作与欣赏心理机制、作品与梦的关系等问题进行分析。其观点立论新奇，在东西方艺术领域有广泛而深刻的影响和争议。

注：本章图片均来自网络

弗洛伊德精神分析法的关键词是"潜意识"。它从另外一个角度来解读艺术与心理学之间的关系，强调人的潜意识和无意识，强调性本能，开拓了从人的心理和成长历史来研究艺术的先河。

传统艺术理论认为文艺是主观精神活动，强调艺术与精神的关系，而弗洛伊德则从人最深层的意识活动来发掘艺术作品的内涵。这种新观点开启了 20 世纪西方美学与文艺理论研究心理学的时代，当代东西方很多审美心理学、艺术心理学的观点或多或少都受到弗洛伊德艺术理论的影响。弗洛伊德的艺术理论从问世之初就存在着广泛争议，因此全面客观了解他的艺术理论对美术心理学研究和艺术创作的影响具有一定实践意义和参考价值。

1900 年，弗洛伊德《梦的解析》一书问世，尽管这本著作一开始在学术界争议不断，却一版再版。弗洛伊德从精神层面把人分为三层，即自我、本我、超我。他提倡解放被"超我"压抑的"本我"。

艺术家从一个他不满意的现实中退缩回来，钻进他自己想象出的世界中，创作正如做梦一样，使"潜意识"愿望获得一种假想的满足。对"不精确的"人性的执迷是它和艺术紧密关联的主要原因，受弗洛伊德影响的艺术作品中都充斥着荒诞离奇的梦幻感。

摄影是绘画的姊妹艺术。绘画与摄影都是来源于生活的面画创作，两者在很多方面都是融会贯通的。西方艺术流派中的很多经典美术作品都值得摄影者认真学习。

24.1　文艺复兴美术

文艺复兴产生于 14 ~ 16 世纪，以意大利为中心，旨在反抗宗教神权，提倡"人文主义"的文化运动。

代表人物：达·芬奇、米开朗基罗·波纳罗蒂。

24.2　古典主义美术

古典主义产生于 16 ~ 18 世纪，强调以古希腊艺术为典范，主张理性重点原则，追求理想化的美。具有构图稳定和谐、造型严谨明确、色彩纯净明丽的特点。

代表人物：大卫、安格尔。

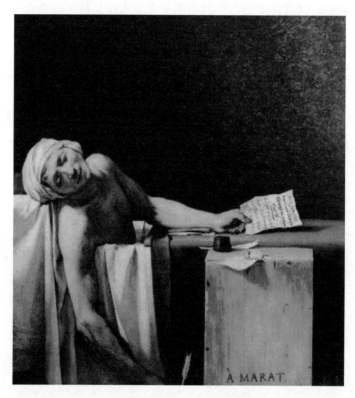

▲马拉之死——（法）大卫

大卫《马拉之死》作品解析：马拉是法国大革命的领导人——雅各宾派的领袖，他患有严重的皮肤病，每天只有泡在洒过药水的浴缸中才能缓解痛苦，于是浴室就成了他的办公场所。一天，一位女刺客借口商谈事宜，进入马拉的浴室，并在他毫无防备的情况下刺杀了马拉。

1856 年，象征"清高绝俗和庄严肃穆的美"的杰出作品《泉》的诞生，标志着法国画家安格尔的艺术水平达到了顶峰。安格尔在处理轮廓边线时，始终本着虚—实—虚—实的规律进行，这一方面满足了空间感和立体感的需要，同时体现了一种节奏感。画中的人物从最高的右肘至最下面的右脚为止，节奏是：强—弱—强—弱，清晰—模糊—清晰—模糊，这样就产生了画面的美感。特别是长长的 S 形曲线占据了整个画面，使人感到一种静谧的抒情诗般的境界，同时心灵得到慰藉，感情得到升华。

▲泉——（法）安格尔

24.3　现实主义美术

　　现实主义产生于 17 ~ 18 世纪，一般具有朴素写实、严峻深沉、多使用明暗对比法等特点，追求真实生动和内在感情的表现。

　　代表人物：库尔贝。

24.4　新古典主义美术

　　新古典主义兴起于 18 ~ 19 世纪，形式上以古代的理想美为典范，内容上富有时代精神和革命热情，多取材于历史故事和现实题材。

24.5　浪漫主义美术

浪漫主义兴起于 19 世纪前期，取材比较自由，注重色彩和画家情感的抒发，强调发挥艺术家的创造精神。

24.6　印象派

印象派是兴起于法国的美术派，提倡户外写生，追求外光的色彩变化，强调表现直观感受。

代表人物：凡·高、莫奈、德加。

24.7　新印象派

　　新印象派主张以光学的分析原理来指导艺术，后印象派追求外光与色彩，强调抒发自我感受，表达主观精神。

24.8　野兽派

　　野兽派产生于 1905 年法国松散的美术社团，它吸收了东方和非洲艺术的表现手法，有别于西方古典绘画流派，具有极简而又抽象的特点，意境有明显地写意倾向。

代表人物：马蒂斯。

24.9 立体派

立体派深受弗洛伊德意识理论的影响，试图突破符合逻辑与实际的现实观念，把现实观念与本能、潜意识和梦的经验相糅合，以达到一种绝对的和超现实的意境。

代表人物：毕加索。

24.10 抽象派

抽象艺术包含两种类型，一类是从自然物象出发加以简约或抽取其富有表现特征的因素，形成简单的、极其概括的形象；另一类是不以自然物象为基础的几何构成。

代表人物：康丁斯基。

24.11 表现主义

　　表现主义受康德哲学、柏格森直觉主义和弗洛伊德精神分析学的影响，强调反传统，是现代重要艺术流派之一。20 世纪初流行于德国、法国、奥地利、北欧和俄罗斯。在章法、技巧、线条、色彩等诸多方面进行了大胆的"创新"，逐渐形成艺术派别风格。表现主义作品着重表现内心的情感，而忽视对描写对象形式的摹写，因此往往表现为对现实扭曲和抽象化，尤其用来表达恐惧的情感。

24.12 达达主义

　　达达主义兴起于 1916 ～ 1923 年，是一种无政府主义的艺术运动，它试图通过废除传统文化和美学形式发现真正的现实。

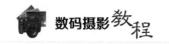

24.13　超现实主义

　　超现实主义受弗洛伊德精神分析的影响，兴起于 1922 年前后。在达达派内部产生的超现实主义，强调的是梦幻与现实的统一才是绝对的真实，其作品力求把生与死、梦境与现实统一起来，具有神秘、恐怖、怪诞等特点。

　　代表人物：米罗、达利、恩基特。

24.14　达达主义摄影

　　西方现代派达达主义诞生之初充满了虚无、暴力、无意识、反理性、反传统和反艺术精神。达达主义者把摄影作为像绘画一样的现代创作手法去表现，经常运用后期剪辑，通过集锦摄影或者物影摄影的手法创作一些抽象的直接的作品，这样的作品都很巧妙地体现了达达主义的精神。20 世纪初，时尚摄影界出现了一大批风格各异的大师，作为当时达达主义的代表人物——欧文·布鲁门菲尔德把达达主义的"无逻辑、消极的、暴力的"带到摄影中。他对色彩的实用、充满创意的构思和取景方式都让人眼前一亮，而他天生的布景拿捏的感觉和实验性的拍摄更是让他成为同年代摄影师中的翘楚。深入分析不难发现，达达主义所涵盖的思想上的理念已经深入欧文的时尚摄影作品中，他的独特视角和鲜明抽象的画面构成，融入了达达主义所宣扬的无意识反传统精神，创作上巨大的包容性和可塑性，使得时尚摄影可以借鉴融合更多的艺术门类进行不断地创新。

关山度若飞

万里赴戎机

第25章

古典诗词对摄影的影响

25.1　古典诗词对摄影的指导意义

古典诗词是中华文化的瑰宝。诗词的意境之美经久不衰,历久弥新。

古典诗词与摄影虽属不同的艺术体系,但美的属性相同。"诗以有画境称善,画以有诗意为上"。在这里,我们可以将"画"理解为"摄影"。诗词与摄影相通相融,既有各自的艺术规律又有共同的艺术特点,两者都在追求更高的"意境"。摄影作品讲究的是更好地表现出诗词的韵味、情的交融,用镜头语言更完美地诠释出诗的"意境"。古典诗词的每一句都可以入画,都是很好的摄影题材与作品。所以,学摄影审美构图,学习古典诗词是会对摄影水平的提高有很大帮助。

如下图:长河落日圆 ——唐·王维《使至塞上》。

25.2　古典诗词与摄影的关系

"横看成岭侧成峰,远近高低各不同。不识庐山真面目,只缘身在此山中。"

此诗是北宋诗人苏轼的《题西林壁》,观景而言,并借景说理,指出观察问题应客观全面，如果主观片面，就得不出正确的结论。

开头两句"横看成岭侧成峰，远近高低各不同"，所见的是实景。庐山是座丘壑纵横、峰峦起伏的大山，人所处的位置不同，看到的景物也各不相同。这两句诗概括而形象地表现了移步换位的思维方式。对于摄影的指导意义是：当面对拍摄对象时，摄影者一定要多方位地观察，同样的风景由于机位不同、拍摄方式不同，效果就一定会不同。

"不识庐山真面目，只缘身在此山中"，是借景说理，谈游山的体会。为什么不能辨认庐山的真实面目呢？因为身在庐山之中，视野为庐山的峰峦所局限，看到的只是庐山的一峰一岭，一丘一壑，局部而已，这必然带有片面性。观察世上事物也常如此。这两句诗有着丰富的内涵，它启迪人们认识，为人处事的一个哲理——由于人们所处的地位不同，看问题的出发点不同，对客观事物的认识难免有一定的片面性；要认识事物的真相与全貌，必须超越狭小的范围，摆脱主观成见。

后两句换位到摄影来分析，就是摄影审美的问题。例如，云南的元阳梯田堪称世界奇观之一，凡是到过此地的人，无不为它的壮美所打动。但是当地的人却不能理解，"这么一个破田埂有什么好看的"。正是因为他们从小到大就生长在这种环境之中，产生了审美疲劳，认为这世界就应该是这样的。而其他地方的人们却没有看见过，所以会引起强烈的视觉冲击。

《题西林壁》是一首哲理诗，但诗人不是抽象地表述，而是紧紧扣住游山谈出自己独特的感受，借助庐山的形象，用通俗的语言深入浅出地表达哲理，而这些哲理都是可以用来指导摄影者的。

以下介绍一些结合古典诗词创作的摄影作品。

（1）千呼万唤始出来，犹抱琵琶半遮面——唐·白居易《琵琶行》。

（2）大漠孤烟直——唐·王维《使至塞上》。

（3）风雪夜归人——唐·刘长卿《逢雪宿芙蓉山主人》。

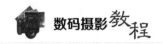
（4）楼台倒影入池塘——唐·高骈《山亭夏日》。

（5）所谓伊人，在水一方——《诗经·秦风》。

（6）飘飘何所似，天地一沙鸥——唐·杜甫《旅夜书怀》。

（7）空山新雨后，天气晚来秋——唐·王维《山居秋暝》。

（8）野渡无人舟自横——唐·韦应物《滁州西涧》。

（9）月上柳梢头，人约黄昏后——宋·欧阳修《生查子·元夕》。

（10）万里赴戎机，关山度若飞——南北朝《木兰辞》。

（11）春江水暖鸭先知——宋·苏轼《惠崇春江晚景》。

古诗妙在既能写出"画中态"，又能传出"画外意"，使诗情、画意完美地结合起来。摄影作品应该是内容和形式的完美结合，是艺术的再创造。

好的摄影作品，既要扣合诗词的主题，又不能拘于诗词的内容；既要能再现诗境，同时又能追求画外、诗外的艺术生命的拓展和延伸。好的摄影作品可以淋漓尽致地表现出诗词原有的意境、神韵和情趣。这就要求摄影人不仅要掌握精湛的摄影技巧，更需要提高自己的文学修养，从古诗词中汲取艺术营养和灵感。借鉴古人对景物观察的独特视角，以完善个人的选材和构图能力。

第26章

摄影与哲学

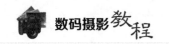

26.1   摄影与哲学的关系

摄影艺术的本质是反映现实又高于现实（也可以解释为摄影来源于生活但又高于生活）。只有这样，艺术才能起到感染人、教育人、启迪人的作用。摄影艺术既是观念文化，又是人文文化，本身就具有历史继承性的特点。

哲学是系统化、理性化的世界观。它既是一种科学理念，又是一种社会意识形态；它以逻辑论证为特征，比其他社会意识形态更具概括性，更完整地表达了人们对客观物质世界及其本质的认识；它与经济基础、社会存在的关系，需要一系列中间环节；它从最一般的原则高度指导人们的社会生活实践与思想活动。艺术与哲学二者同样是社会意识，作为社会的思想上层建筑，作为一种自觉的精神力量，虽然和经济物质基础不同，且不直接发生关系，但仍对社会有着巨大而深刻的影响，对人们的思想和行为具有引导和制约的双重作用。同时，因为矛盾的普遍性，所以摄影艺术与哲学也在一定的矛盾关系中互相作用、相互融合与影响，同是精神世界的陶冶者。

26.2　上层建筑、思想上层建筑与摄影

上层建筑是经济学、社会学和哲学术语，是指建立在一定经济基础上的社会意识形态以及与之相适应的政治法律制度和设施等的总和。它包括阶级关系（基础关系）、维护这种关系的国家机器、社会意识形态以及相应的政治法律制度、组织和设施等。上层建筑与经济基础对立统一。

上层建筑包括政治上层建筑和思想上层建筑。

1.　政治上层建筑

政治上层建筑是指人们在一定经济基础上建起的政治、法律制度以及建立的军队、警察、法庭、监狱、政府部门、党派等国家机器和政治组织。

2.　思想上层建筑

思想上层建筑是指适应经济基础的社会意识形态，包括政治思想、法律思想、道德、艺术、哲学、美学、宗教、文化传媒等。

上层建筑是建立在一定的经济基础之上的各种制度、设施和意识形态的总和。上层建筑决定意识形态，意识形态决定个人的思维方式，不同的个人的思维方式创造出不同的艺术作品。我们在摄影创作中所完成的就是将客观现状的事物转换成个人主观的表达的一个过程。

26.3　用哲学理论分析摄影的现象

哲学有两大理论：唯物主义和唯心主义。本节将阐述这两大理论与摄影的关系。

1. 唯物主义理论

在摄影技术出现之初，人们把照相机作为一种记录事物的工具。之后，摄影又被新闻工作者广泛运用。在这个阶段，摄影主要应用于新闻、纪实类，以"唯物主义"理论为主导思想，以"决定瞬间"的理论为摄影界的主要理论。

现代摄影史也是以辩证唯物主义理论为支撑的，这是在摄影器材和感光材料都处于比较落后的时代作出的结论。当今的时代不能再用"决定瞬间"的理论去揭示当代摄影艺术的实质，也不能再否定"非决定瞬间"艺术作品的价值。

2. 唯心主义理论

当代的艺术摄影理论以"唯心主义"理论为主导思想。

当代的摄影标准，是在现在的摄影器材和技术条件下所形成的标准。当然，我们不能用今天的标准去要求历史。目前，数码摄影技术已经普及，例如，多重曝光技术已经完全不受约束地任意安排主体与背景之间的布局。由此不夸张的说，许多艺术理论都是以唯心主义理论为基础的。

由于图像后期处理技术的发展，图像已经不用必须到现实中去摄取，可以由摄影者随心所欲地任意发挥。因此，唯心主义理论就越发具有其施展才能的空间。

准确地讲，今天的摄影已经成了"加减法"并用的艺术。今天的艺术摄影更注重自我情感的体现，更注重自我思想的表达，更注重哲学观念的讲述。

▲超现实主义摄影

26.4 世界观造就摄影的风格

从一个人的世界观可以看出他对事物的认识。世界观本身就取决于他的生活环境及其所受的教育程度，同时也能判断出他适合做什么样的工作。

人的思维模式分逻辑思维和形象思维两大类，逻辑思维模式基本属于理科，形象思维模式基本属于文科和艺术类。如果要求擅长逻辑思维的人去搞艺术，那么他在艺术发展的道路上将很艰难，反之亦然，因为他们的思维模式决定着他们的行为。

逻辑思维的模式是 $1+1=2$，思维模式是严谨的，应该是多少，就一定是多少，多一个小数点都不行，都会出大错的。而形象思维的模式是 $1+1=$ 任何一个数，这个数越夸张，表明你的辐射思维能力越强，你的创意潜能越强大。

举个例子，有一次笔者与几个朋友在选择参赛的照片时，有一张照片引发了大家不同的意见。这张照片的用光与构图应该说是比较完美的，画面的意境十足，可以堪

称为佳作，但有人认为画面太假，一个土罐子的内部怎么会出现烟雾，所以不可取。经过了解后才知道提出异议的人是常年从事新闻工作的。从新闻的角度来看，这张照片确实有些脱离现实（不真实），但是从摄影艺术的角度来看，这种夸张的表现既增强了画面的视觉冲击，又加强了画面的一种氛围。由此可见，由于思维模式的不同而引发了不同的观点，新闻工作者强调的是还原事物的本质，对事物不能有夸张和改变。而艺术创作者却是大相径庭。

我们说艺术的魅力在于"似与不似之间"。太"似"了显得太具象、太平淡、太平庸；太"不似"了则会显得太抽象，离生活太遥远，看不着、摸不着、看不懂。所以艺术的魅力在于"似与不似之间"。

我们在搞摄影创作时应该把握住这个度。使我们的作品来源于生活，却又高于生活。艺术是日常生活表象的反映，而生活则是艺术创作的源泉，艺术家在生活中提取灵感，并运用到艺术中去，用艺术的语言再现生活是艺术的特点。